U0084796

台灣史論&人物評傳

Ong Iok-tek
王育德著
賴青松 等譯

總序

日本昭和大學名譽教授 黃昭堂

轉瞬間，王育德博士逝世已經十七年了。現在看到他的全集出版，不禁感到喜悅與興奮。

出身台南市的王博士，一生奉獻台灣獨立建國運動。台灣獨立建國聯盟的前身台灣青年社於一九六〇年誕生，他是該社的創始者，也是靈魂人物。當時在蔣政權的白色恐怖威脅下，整個台灣社會陰霾籠罩，學界噤若寒蟬，台灣人淪爲二等國民，毫無尊嚴可言。王博士認爲，台灣人唯有建立屬於自己的國家，才能出頭天，於是堅決踏入獨立建國的坎坷路。

台灣青年社爲當時的台灣人社會敲響了希望之鐘。這個以定期發行政論文化雜誌《台灣青年》，希望啓蒙台灣人的靈魂、思想的運動，說起來容易，實踐起來卻是非常艱難的一樁事。

當時王博士雖任明治大學商學部的講師，但因爲是兼職，薪水寥寥無幾。他的正式「職業」是東京大學大學院博士班學生。而他所帶領的「台灣青年社」，只有五、六位年輕的台灣留學生而已，所有重擔都落在他一人身上。舉凡募款、寫文章、修改投稿者的日文原稿、校正、印刷、郵寄等等雜務，他無不親身參與。

《台灣青年》在日本首都東京誕生，最初的支持者是東京一帶的台僑，後來漸漸擴張到神戶、大阪等地。尤其很快地獲得日益增加的在美台灣留學生的支持。後來台灣青年社經過改組為台灣青年會、台灣青年獨立聯盟，又於一九七〇年與世界各地的獨立運動團體結合，成立台灣獨立聯盟，以至於台灣獨立建國聯盟。王博士不愧為一位先覺者與啓蒙者，在獨立運動的里程碑上享有不朽的地位。

在教育方面，他後來擔任明治大學專任講師、副教授、教授。在那個時代，當日本各大學猶尙躊躇採用外國人教授之際，他算是開了先鋒。他又在國立東京大學、埼玉大學、東京外國語大學、東京教育大學、東京都立大學開課，講授中國語、中國研究等課程。尤其令他興奮不已的是台灣話課程。此是經由他的穿梭努力，首在東京都立大學與東京外國語大學開設的。前後達二十七年的教育活動，使他在日本眞是桃李滿天下。他晚年雖罹患心臟病，猶孜孜不倦，不願放棄這項志業。

他對台灣人的疼心，表現在前台籍日本軍人、軍屬的補償問題上。這群人在日本治台期間，或自願或被迫從軍，在第二次大戰結束後，台灣落到與日本作戰的蔣介石手中，他們既不敢奢望得到日本政府的補償，連在台灣的生活也十分尷尬與困苦。一九七五年，王育德博士號召日本人有志組織了「台灣人元日本兵士補償問題思考會」，任事務局長，舉辦室內集會、街頭活動，又向日本政府陳情，甚至將日本政府告到法院，從東京地方法院、高等法院、到最高法院，歷經十年，最後不支倒下，但是他奮不顧身的努力，打動了日本政界，於一九八六年，日本國會超黨派全體一致決議支付每位戰死者及重戰傷者各兩百萬日圓的弔慰金。這個金額比起日本籍軍人得到的軍人恩給年金顯然微小，但畢竟使日本政府編列了六千億日幣的特別預算。這個運動的過程，以後經由日本人有志編成一本很厚的資料集。這次【王育德全集】沒把它列入，因為這不是他個人的著作，但是厚達近千頁的這本資料集，很多部分都出自他的手筆，並且是經他付印的。

王育德博士的著作包含學術專著、政論、文學評論、劇本、書評等，涵蓋面很廣，而他的《閩音系研究》堪稱為此中研究界的巔峰。王博士逝世後，他的恩師、學友、親友想把他的這本博士論文付印，結果發現符號太多，人又去世了，沒有適當的人能夠校正，結果乾脆依照他的手稿原文複印。這次要出版他的全集，我們曾三心兩意是不是又要原封不動加以複印，最後終於發揮我們台灣人的「鐵牛精神」，兢兢業業完成漢譯，並以電腦排版成書。此書的出版，諒是全世界獨一無二的經典「鉅著」。

關於這本論文，有令我至今仍痛感心的事，即在一九八〇年左右，他要我讓他有充足的時間改寫他的《閩音系研究》，我回答說：「獨立運動更重要，修改論文的事，利用空閒時間就可以了！」我眞的太無知了，這本論文那麼重要，怎能是利用「空閒」時間去修改即可？何況他哪有什麼「空閒」！

他是我在台南一中時的老師，以後在獨立運動上，我擔任台灣獨立聯盟日本本部委員長，他雖然身爲我的老師，卻得屈身向他的弟子請示，這種場合，與其說我自不量力，倒不如說他具有很多人所欠缺的被領導的雅量與美德。我會對王育德博士終生尊敬，這也是原因之一。

我深深感謝前衛出版社林文欽社長，長期來不忘敦促【王育德全集】的出版，由於他的熱心，使本全集終得以問世。我也要感謝黃國彥教授擔任編輯召集人，及《台灣—苦悶的歷史》、《台灣話講座》以及台灣語學專著的主譯，才能夠使王博士的作品展現在不懂日文的同胞之前，使他們有機會接觸王育德的思想。最後我由衷讚嘆王育德先生的夫人林雪梅女士，在王博士生前，她做他的得力助理、評論者，王博士逝世後，她變成他著作的整理者，【王育德全集】的促成，她也是功不可沒。

序

王雪梅

育德在一九四九年離開台灣，直到一九八五年去世爲止，不曾再踏過台灣這片土地。

我們在一九四七年一月結婚，不久就爆發二二八事件，育德的哥哥育霖被捕，慘遭殺害。

一九四九年，和育德一起從事戲劇運動的黃昆彬先生被捕，我們兩人直覺，危險已經迫近身邊了。在不知如何是好，又一籌莫展的情況下，等到育德任教的台南一中放暑假之後，育德才表示要赴香港一遊，避人耳目地啓程，然後從香港潛往日本。

一九四九年當時，美國正試圖放棄對蔣介石政權的援助。育德本身也認爲短期內就能再回到台灣。

但就在一九五〇年，韓戰爆發，美國決定繼續援助蔣介石政權，使得蔣介石政權得以在台灣苟延殘喘。

育德因此寫信給我，要我收拾行囊赴日。一九五〇年年底，我帶着才兩歲的大女兒前往日本。

我是合法入境，居留比較沒有問題，育德則因爲是偷渡，無法設籍，一直使用假名，我們夫婦名不正，行不順，當時曾帶給我們極大的困擾。

一九五三年，由於二女兒即將於翌年出生，屆時必須報戶籍，育德乃下定決心向日本警方自首，幸好終於取得特別許可，能夠光明正大地在日本居留了，我們歡欣雀躍之餘，在目黑買了一棟小房子。當時年方三十的育德是東京大學研究所碩士班的學生。

他從大學部的畢業論文到後來的博士論文，始終埋首鑽研台灣話。

一九五七年，育德爲了出版《台灣語常用語彙》一書，將位於目黑的房子出售，充當出版費用。

育德創立「台灣青年社」，正式展開台灣獨立運動，則是在三年後的一九六〇年，以一間租來的房子爲據點。

在育德的身上，「台灣話研究」和「台灣獨立運動」是自然而然融爲一體的。

育德去世時，從以前就一直支援台灣獨立運動的遠山景久先生在悼辭中表示：「即使在你生前，台灣未能獨立建國，但只要台灣人繼續說台灣話，將台灣話傳給你們的子子孫孫，總有一天，台灣必將獨立。民族的原點，既非人種亦非國籍，而是語言和文字。這種認同，最具體的證據就是『獨立』。你是第一個將民族的重要根本，也就是台灣話的辭典編纂出版的台灣人，在台灣史上將留下光輝燦爛的金字塔。」

記得當時遠山景久先生的這段話讓我深深感動。由此也可以瞭解，身爲學者，並兼台灣獨立運動鬥士的育德的生存方式。

育德去世至今，已經過了十七個年頭，我現在之所以能夠安享餘年，想是因爲我對育德之深愛台灣，以及他對台灣所做的志業引以爲榮的緣故。

如能有更多的人士閱讀育德的著作，當做他們研究和認知的基礎，並體認育德深愛台灣及台灣人的心情，將三生有幸。

一九九四年東京外國語大學亞非語言文化研究所在所內圖書館設立「王育德文庫」，他生前的藏書全部保管於此。

這次前衛出版社社長林文欽先生向我建議出版【王育德全集】，說實話，我覺得非常惶恐。《台灣—苦悶的歷史》一書自是另當別論，但要出版學術方面的專著，所費不貲，一般讀者大概也興趣缺缺，非常不合算，而且工程浩大。

我對林文欽先生的氣魄及出版信念非常敬佩。另一方面，現任教東吳大學的黃國彥教授，當年曾翻譯《台灣—苦悶的歷史》，此次出任編輯委員會召集人，勞苦功高。同時，就讀京都大學的李明峻先生數度來訪東京敝宅，蒐集、影印散佚的文稿資料，其認眞負責的態度，令人甚感安心。乃決定委託他們全權處理。

在編印過程中，給林文欽先生和實際負責編輯工作的邱振瑞先生以及編輯部多位工作人員造成不少負荷，偏勞之處，謹在此表示謝意。

二〇〇二年六月　王雪梅謹識於東京

政治實踐與歷史詮釋

國史館館長／張炎憲

台灣人歷經一九四七年二二八事件和白色恐怖，幾乎不敢再反抗統治者，只得忍氣吞聲、委屈求存。在島內一片肅殺氣氛中，海外台灣人獨立運動成爲唯一敢提出異議，爭取台灣人自主的團體。王育德就在艱難時刻中，一九六〇年結合留日年輕學生，組織「台灣青年社」，刊行《台灣青年》雜誌，公開宣揚台獨理念，以建立台灣國家爲職志。他是台獨運動的先行者，對此又相當堅持與努力，因此台獨運動者的身份常掩蓋他文學與史學的成就。

一九四三年王育德進入東京帝國大學文學部支那哲文學科，戰後任教於台南一中，編寫過劇本，並搬上舞台。二二八事件爆發後，逃離台灣，到日本東京大學復學，以《閩音系研究》獲得台灣人第一位台語博士。之後，從事文學評論、歷史論述的寫作。這本書所收集的文章就是他論說台灣史的作品。

啓蒙時期的反抗運動者常具備浪漫才華，才敢以身試法，反抗獨裁統治的殘暴；並需充滿熱情和理想，才能感召同志，攜手奮鬥；還要坐而能寫，起而能行，才能創造歷史，留下歷史紀錄。王育德就是這樣的人，雖然無法親眼看到台灣獨立運動大業的完成，是有所遺憾，但他留下的志業和著作卻見證時代、豐富時代的內涵。

這本史論大致上可分爲三部分：對過去歷史的論述；親身的歷史體驗；對台獨運動的觀點。

二二八事件是戰後台灣歷史發展的轉折。王育德在這事件中，體會出他受監視、兄長被捕殺的慘痛，從此主張台灣應與中國脫離而獨立建國。每逢二月二十八日，海外台灣人都會舉行追思聚會，緬懷先烈，分析時局，展望獨立願景。這本書所收集的部分文章是王育德在二二八紀念會的演講、對二二八的觀點，和對謝雪紅被批鬥整肅的考察。

匪寇列傳、拓殖列傳、能吏列傳和台灣民主國始末等文章，都是論述過去台灣人的歷史。王育德認爲台獨運動者需要瞭解台灣史，才能堅定信念，追求獨立，因此鼓勵台獨運動者要去研究台灣史、認識台灣史。他更以身作則從事台灣史料的收集和史事撰寫，做爲表率。這些文章都曾在《台灣青年》雜誌上刊登。他期望藉此能引起台灣人共鳴，瞭解台灣歷史。王育德是位台灣主體性極強的人物，他所撰寫的「匪寇」、「拓殖」、「能吏」，雖然不脫傳統的分類，所舉人物也未必能凸顯台灣歷史的主體，但行文之中，卻充滿台灣主體觀點。王育德試圖透過歷史人物的評介，說明台灣被殖民統治的悲運，和台灣人民反抗外來統治者的決心和事蹟。

台灣歷史主體性的建立是近十多年來，台灣學術文化界共同努力的方向。王育德在四十多年前就有這樣觀點，除了遭逢二二八變局，體會出台灣與中國應該分離之外，也因具有深厚的人文素養，深知歷史文化觀點的建立，才是改變人文氣質，深化獨立自主意識的最佳途徑。今日，台灣處於國家認同曖昧不清的困境，不同出身背景、歷史經驗和族群所呈現的差異性正衝擊台灣，讓台灣人民惶惑不安。王育德的歷史論述是瞭解他所處時代的入門書，也是台灣主體歷史觀建立過程的一個見證。這些文章已成爲建立台灣歷史文化的珍貴資產。

目次

匪寇列傳(1)

朱一貴

傳奇的養鴨人家

朱一貴原名租，祖籍漳州府長泰縣。年輕時即渡海來台（有人說他是鄭成功的武將），曾經擔任過政府的小官，辭官後回到鳳山縣內的母頂草地（林仔邊溪的南岸）一帶，以養鴨維生。

據說，數以百計的鴨群在他的竹竿揮舞下，簡直就像訓練有素的軍隊一般，往東向西，毫不含糊，村人為此嘖嘖稱奇，對他十分尊敬。朱一貴為人豪爽，頗富俠義之氣，只要有流民前來投靠，都能得到豐盛的鴨肉大餐款待。

天災地變復以猛虎苛政

康熙五十九年（一七二〇年）的冬天，氣候異常寒冷，加上連續不斷的地震來襲，全台上下，可謂人心惶惶。翌年春天，鳳山縣（縣治興隆莊，今之舊城）知縣李丕晃辭官之後，並未遞補新員，因此由台灣知府(府治為今之台南)王珍兼任，他本人則留在府城。王珍將政務一概委交次子辦理，自己成日酖於逸樂，對百姓則極盡橫徵暴斂之能事。在毫無證據的情況下，對無辜的人民冠上秘密結社的罪名，任意逮捕；或是對迫於生計、不得不上山砍柴的農民套上違禁入山的大帽子，甚至處以極刑。在這種昏庸惡政與天災地變的雙重壓力下，社會上所累積的動能已到瀕臨爆發的地步。

唯有革命一途

當時羅漢門(楠梓仙溪附近)有一名曰黃殿者，與朱一貴乃長年舊識。值此天災人禍之歲，黃殿心生謀反之意。由於朱一貴的姓氏與前朝皇室相同，因此他決定利用朱一貴作爲起義的號召，此外並糾結吳外、李勇等數十人，焚表結盟，各自回鄉募集部下數百人，於四月十九日一同舉兵行動。移民軍團高擎朱大元帥的旗幟，趁著夜色昏黑，直襲府治南端要衝岡山的唐汛(今大崗山西北麓)。

當叛亂警報傳到府治時，官府上下狼狽至極。台灣鎮總兵歐陽凱懦弱無能，應變不及，還採取錯誤的行動，讓朱家軍順利地擊潰把總張文學，並取得大量的武器與彈藥。移民軍團士氣爲之大振，同時乘勝追擊，攻陷大湖。受到朱家軍捷報的刺激，各地的不滿份子紛紛起而效尤。其中以煽動下淡水溪河畔客籍移民反叛的杜君英最爲強勢，二十七日，杜氏人馬佔領了鳳山縣治。

五月初，朱杜兩派的聯合軍團逼近府治，此時只見文武官員個個攜家帶眷，爭先恐後湧入台江搶搭渡船，倉皇經由鹿耳門逃往澎湖島。根據史料記載，當時瀆職棄守的有分巡台廈兵備道梁文煊、台灣知府王珍、海防同知王禮、台灣知縣吳觀域、諸羅知縣朱夔等人。另一方面，歐陽凱卻在亂軍中爲部下所弒，守備胡忠義、千總蔣子龍、把總林彥、石琳等盡皆戰死。游擊劉得紫及守備張成則爲移民軍所擒。

移民軍組織新政府

率先殺入府治的是杜君英的部隊，他一入城便攻下鎭署，據爲自身的大本營。朱一貴則駐屯於道署。移民軍攻陷府治之後，立即貼出告示，嚴禁士兵殺燒擄掠等行爲，藉以安定人心。赤崁樓裏有鄭氏王朝時期遺留下來的武器庫，四十年來一直塵封未動，朱軍得報，立刻大開庫門，果然意外獲得許多大砲、刀槍及火藥。

當時諸羅縣人賴池、張岳、鄭惟晃、賴元改等亦響應起義，三天後攻陷縣治（今之嘉義），並獻上北路營參將羅萬倉的首級。

此時，全島除淡水等僻地，可說盡歸於移民軍之手。百姓遂將朱一貴奉爲中興王（另說為義王），而鴨母王則是人們對他的暱稱。朱一貴頭戴通天冠，身披黃袍，配玉帶，接受部下們的祝賀之後，立刻設壇祭祀天神、地祇、先祖及延平郡王，改年號為「永和」。同時他還策封部屬王玉全為國師，王君彩、洪陣為太師，杜君英、吳外、李勇、戴穆等人為國公，張岳為將軍，陳燦、蘇天威為侯，張阿山、卓敬為都督，蕭斌、詹遴為尚書，一時之間，文武百官的朝廷威儀儼然齊備。

反觀澎湖，其地原本產物匱乏，生活貧苦，再加上瞬間湧入大批亡命官僚，無異雪上加霜。而移民軍來侵的謠言從未間斷，一股無形的壓力始終揮之不去，島上人心惶惶，於是渡海逃返廈門成了最後的選擇，海邊甚至塞滿了爭搶登船的人潮，一時間令人錯覺彷彿置身修羅場。

清軍準備反攻

其時閩浙總督覺羅滿保收到兵變之報，隨即啓程趕赴廈門，同時飛檄福建水師提督施世驃、南澳鎮總兵藍廷珍，馳往澎湖共商善後對策。清軍集結人數達一萬二千名，兵船六百艘。此外並將兵站輜重的任務委由福建巡撫呂猶龍代理，令布政使沙木哈前往福建延平、建寧的上游一帶購米，不足時甚至遠赴浙江、廣東兩省採購，將所得米糧運回廈門，藉此平抑當地日漸高騰的米價。

其原因在於百姓深恐賊軍長驅澎湖，進一步攻取廈門，即便叛軍意不在廈門，當清軍移駐此地，與對岸進行長期征戰之時，也將引發當地米價高漲，生活壓力隱然浮現，人心日見恐慌。

總督下令集中市區內的所有流民，除避免釀成不必要的事端之外，也可增加軍隊的兵員。同時還特別要求遠地馳援廈門之友軍循海路前來，而經由陸路進入廈門的軍隊，亦全數暫駐船艦上，禁止非必要人員上岸，僅有負責炊事者可登陸採買，購物也必須遵從當地市價。如此一來，一時間慌亂莫名的廈門市街終於安靜下來。

此般安定民心的賢策，實乃出自浙江舉人潘兆吾之手。此外，爲彌補清軍在操縱船艦方面能力之不足，特別對外公告，凡百姓有擅於航海者，若投身軍旅，即刻授與五品官位，未幾即募集了許多優秀的船員。

移民軍團的內閧

不幸的是，此時移民軍內部開始發生內鬨。起因在於杜君英有意廢黜朱一貴，改立自己的兒子會三爲王，無奈朝中諸臣盡皆不服，他也只好作罷。然杜君英卻因此對新朝廷心生不滿，遂起意向朱一貴的權威挑戰。當時軍令規定嚴禁姦淫婦女，而杜反倒刻意拘捕七名婦女，監禁於自己的營房內。早先國公戴穆曾因強擄一名婦女而遭朱一貴處死，洪陣也因任意鬻售官位而受到斬首的命運。因此，人人皆對嚴厲軍律不敢掉以輕心，唯獨杜君英以功驕主，認爲自己首先殺入府治，居功厥偉，絲毫不把軍令放在眼裏。杜君英所拘禁的七名婦女中，有一名爲吳外之遠親，吳曾出面懇求杜君英放人，孰知杜竟無動於衷。吳外在盛怒之下，遂率領部衆企圖攻擊杜君英陣營，惹來朱一貴不得不介入調解。朱一貴派出國公楊來與林玉連前往理論，沒想到竟然被杜君英所擒，朱一貴聞此，怒不可遏，隨即命李勇及郭國正出兵討伐。杜君英不敵，遂率領數萬客籍部隊朝虎尾溪方向竄逃而去。在此次興兵反清的戰役中，杜軍可說是一大主力軍，如今面對清軍試圖反撲之際，移民軍團內部發生如此衝突，實乃全體之大不幸。

攻守雙方必爭之地——鹿耳門

在清國部隊採取正式行動之前，便差人四處散佈謠言，宣稱清軍將兵分三路，由北中南三面同時進攻台灣。當施世驃、藍廷珍等諸將臨行之際，總督才授與各人一只錦囊，並嚴令須待出海之後方可拆閱。六月三十日，全軍同時由澎湖島拔營出發，各將領隨即打開錦囊，全部指示搶攻鹿耳門。由此可知，其先前的謠言戰術，目的在於分散移民軍的防禦兵力，但是這種做法究竟成效如何，相當值得懷疑。

當時台灣的政經中心位於台南，至於開發較爲完備的地區，往北約至柴里社（今之斗六），往南則可達羅漢門一帶，同時南北兩地各設有關卡禁制，以防土匪番人的危害。至於關外地區，則任其荒蕪弛廢，是生番出沒稱雄的範圍。康熙三十六年（一六九七年），浙江人郁永河爲開採硫礦，起身前往台灣，當時他率領一行五十五人，於四月七日從台南出發，二十二日才抵達淡水。他曾在自著的旅行紀事《裨海紀遊》中記載當時的所見所聞，從竹塹（今之新竹）到南崁（今之桃園）一帶，沿途竟然見不到任何居民或房舍，從現代人的角度來看，這簡直就是天方夜譚。

由此研判，縱使移民軍團果眞爲清軍的計謀所欺，將主力部隊分爲三部分，是否眞能派至北中南三路防守，事實上頗令人懷疑，而且似乎也沒有這個必要。反觀清軍方面，應該也沒有南北夾擊的能力，筆者並不認爲清軍會犯下這種愚蠢的錯誤。

總而言之，無論攻方或守方，鹿耳門都是必爭之地。

而台南之所以成爲台灣最早開發之地，實乃得利於台江的地利之便。在台島初開之時，台南沿海一帶恰好有一處向內陸凹陷、長四公里的峽灣，海岸線一直延伸到台南市西側，剛好形成一個絕佳的天然內港。而安平正好位於內港的出海口附近，其實安平本身是一座小島，時人多稱之爲一鯤身，由此向南到二層行溪河口之間，陸續排列著七座島嶼，其名稱依序而下，直至七鯤身爲止。其地名之由來，係因大小錯落的海上小島，遠望恰似浮出海面的鯤魚，故博得此名。在一鯤身的北方，另有一座廣大的沙洲，此即鹿耳門。沙洲南端與安平相對之處，名曰北線尾，而北端則爲加老灣，續往北行，則可遇見另一座沙洲。外來船艦欲駛入此內港者，唯有循鹿耳門之南北兩側，此外別無他途。南口航線水位較深，且水路寬廣，行駛上較爲安全，而北口則多淺灘密佈，且水路曲折不定，航行時極爲危險。因此許多船隻都會選擇由南口進入內港，荷蘭人也在此處構築熱蘭遮城，以爲防備台江安全，北口則完全放任不管。鄭成功當初之所以能夠順利驅逐荷蘭人，即是事先取得內應，命熟識當地水路者先行在海中安置標的，並利用海水漲潮之際，一舉揚帆攻入台江。由於北口並無荷人之防禦工事，因此鄭軍幾乎是在毫無抵抗的情況下，順利地長驅直入。

移民軍團的潰敗

清軍於是月十六日駛抵鹿耳門，在當地居民王作興及其同夥的導引下，同樣循北口成功侵入台江。此時據守安平砲台的移民軍團勇將蘇天威立即下令猛轟清軍船隊，同時還派遣小船進行貼身海戰。兩軍對陣厮殺，遲遲無法分出勝負，不料一枚清軍的砲彈此刻正好命中守軍砲台的火藥庫，砲台在瞬間化爲片片散落的灰燼，是日安平便爲清軍所攻陷。

翌日，朱一貴派遣楊來、顏子京及張阿山諸將急率移民軍八千餘人，企圖奪回安平，卻遭到藍廷珍嚴密的防禦，部隊無功而返。此時戰線已延伸到四鯤身一帶，朱一貴亦親率數萬名部衆加入戰場，與清軍做最後的殊死戰。朱一貴大量調集島內各地的牛車，並在車上裝設防禦盾牌，編成聲勢壯大的戰車部隊，使其先行，掩護其後的步兵進行突擊。清軍無法抵擋攻勢，開始潰退，藍廷珍隨即發動砲兵部隊進行攻擊，在猛烈的炮火中，雙方都死傷慘重。此時取得制海權的清軍開始運用船艦火炮對陸地射擊，移民軍團至此終於遭受致命一擊，餘部被迫撤出府治的市區。朱一貴及其殘餘部隊被迫面臨殘酷的抉擇，其一為退隱於諸羅山一帶的偏僻山區，另一則是重新整頓軍勢，與清軍進行最後的平地決戰。

正如所謂屋漏偏逢連夜雨，原本盤據在下淡水溪畔一帶的部分客籍移民，亦即侯觀德、李直三等人所率領的部眾，自朱一貴起兵後即袖手旁觀，直到此時移民軍團明顯露出敗跡，彼等遂高舉大清義民的旗幟，出兵偷襲移民軍的後方。朱一貴雖然撥出一部分兵馬應戰，無奈卻落得慘敗的下場。

在台南的主戰場方面，則以決戰派的意見佔上鋒。是故，移民軍團遂兵分二路，除了正面防守部隊之外，另外派出一支繞道西港、麻豆的迂迴部隊，準備與敵軍進行最後決戰。然而清軍在名將藍廷珍指揮下，士氣如虹，挾著登陸戰大勝的餘威，將移民軍殺得片甲不留。是月二十二日(一說十九日)，台南終於陷落，移民軍團終於潰不成軍。

僥倖保住性命的朱一貴，只得帶領身邊僅剩的一千五百名親近部眾往北落荒而逃。沒想到才剛抵達佳里興，便誤中村人奸計，被逮個正著。好不容易才逃難至此的士兵們，除少數有幸殺出血路，躲進鄰近的山區之外，其餘都在此被殲滅。

此前脫離移民軍的杜君英自立門戶之後，一直盤據在羅漢門一帶，後來眼見朱一貴大勢已去，遂決定放棄抵抗，接受清軍招撫。

而移民軍流散各地的殘餘部衆，直到雍正元年（一七二三年）四月，才逐漸被清軍掃蕩肅清，台灣終於再度恢復平靜。

英雄好漢就此長眠

朱一貴、李勇、吳外及王玉全等起事者於當年九月被押解，經由厦門送抵北京，一班人旋即被處以凌遲的極刑。由於杜君英主動歸順，得免凌遲之苦，獲賜斬首之刑，然而終究還是難逃一死。

康熙六十年六月，當台灣發生叛亂的消息傳回北京時，清國皇帝頒下如此的諭旨：「詔告所有台灣百姓，根據督臣滿保等的稟報，近來台灣民間似有不滿暴動的行止。及至五月十日，滿保甚至不得不領兵前往鎭壓。依朕所思，汝等與內地黎民並無二致，絕非賊寇之流。或許迫於飢寒難耐，亦或遭受不肖官吏之尅剝，再加上少數匪徒之煽動，才導致事情惡化至此。然而汝等須知，違犯王法之舉，原本即罪不可免，切勿妄想勉強抗拒。」

從這份詔文可以看出，清國皇帝多少也能體會移民軍爲何鋌而走險，但是在其封建的僵化體制下，惡法亦法，酷吏亦吏，被迫觸法者，唯有付出生命的代價一途。

連氏的評論

台灣碩儒連雅堂先生對朱一貴的叛亂行爲也有其個人獨到的見解與評價：

朱一貴之役，漳浦藍鼎元從軍，著平臺紀略，其言多有可採。而曰：「臺人平居好亂，既平復起」；此則誣衊臺人也。吾聞延平郡王入臺之後，深慮部曲之忘宗國也，自倡天地會而爲之首，其義以光復爲歸。延平既沒，會章猶存。數傳之後，遍及南北，且橫渡大陸，侵淫於禹域人心；今之閩粵尤昌大焉。婆娑之洋，美麗之島，唯王在天之靈，實式憑之。然則臺灣之人固當以王之心爲心也。顧吾觀舊志，每衊延平大義，而以一貴爲盜賊者矣。夫中國史家，原無定見，成則王而敗則寇。漢高、唐太亦自幸爾，彼豈能賢於陳涉、李密哉？然則一貴特不幸爾，追翻前案，直筆昭彰，公道在人，千秋不泯。鼎元之言，固未足以爲信也。

資料介紹

在如今各種史料之中，關於朱一貴之亂探討最爲深入者，應屬藍鼎元所著之《平台紀略》第二卷，該書完成於雍正元年五月。他另外還著有《東征集》（雍正十年）。其乃朱一貴之亂平息後，藍廷珍奉仕台灣總兵期間，由藍廷珍起草之各類公文書簡，共計六十篇，內容廣泛涵蓋當時台灣統治政策的各個面向。

康熙六十一年，歷任巡視台灣御史、後升任監察御史的黃叔璥亦曾留下著名的《台海使槎錄》。書中的〈赤崁筆談〉雖然篇幅簡短，卻反映出作者敏銳的觀察力。

此外，由翰林院編修、蔡世遠所編纂的〈安海詩〉，亦對朱一貴起事多有著墨，然其內容多爲官方平亂的頌讚之言。

至於其他資料，還包括諸羅縣儒學先生蔡芳所著的〈平台始末〉（康熙六〇年）、同安縣人黃耀炯的〈靖軍實錄〉、魏源的〈康熙重定台灣記〉（《聖武記》中所載，道光二十二年）等。其中，《征台實錄》早已流傳到日本，在《（新井）白石遺文》中即收錄有〈題靖台實錄〉一篇。另外，萍水散人所著的《通俗台灣軍談》（五卷），亦於享保八年（雍正元年）在江戶付梓刊行。彼等皆對台灣的移民軍團抱持極爲同情的態度，這一點頗引人注意。

至於本稿所引述的資料，大多根據伊能嘉矩所著的《台灣文化志，上卷》（昭和三年，刀江書店），以及連雅堂所著的《台灣通史，下冊》（民國四十四年重印，中華叢書委員會），前者主要站在清軍立場，而後者則採取同情移民軍團的角度。綜觀而論，此二者實爲較完整的史料論述。

（刊於《台灣青年》一期，一九六〇年四月十日）

匪寇列傳(2)

林爽文

勇敢的開拓先鋒

林爽文祖籍福建省漳州府平和縣，自從渡海來台後，即定居於彰化縣大里杙一帶，以農耕爲業。至於他遷徙來台的正確時間，如今已無可考，但依據各種條件研判，其時期應該不會太早。

雍正元年(一七二三年)，彰化縣正式由諸羅縣分離出來，獨立設縣，縣治即爲今日的彰化。彰化之名來自於「顯彰皇化」，充分反映出統治者的支配心態。其地之舊名爲半線(PuaN SuaN)，地名由來爲原本世居當地之平埔番Poavoasa社，〈赤崁筆談〉中曾引用一段〈諸羅雜識〉的記載文字：「半線以南之氣候與府治相同，半線以北則山嶺愈深，土壤愈乾，水惡土瘠，煙瘴越厲，極易發生各種疾病，百姓鮮少到此。」從這段描述可知，當時的彰化實乃極端偏僻之地。直到康熙末年與雍正初年前後，該地的開發腳步才大幅推進，最後終得以獨立設縣統理。

大里杙其實便是今天的霧峰一帶，其地距離縣治頗爲遙遠，且鄰近中部的山岳地帶，地形起伏劇烈，其間大小溪流奔湍縱橫，處處密生竹林樹叢，屬生活艱難的險要之地。因此移住當地的人民頗富冒險精神，多爲剽悍勇猛之士。反觀另一方面，由於當時台灣府（府治台南）與鳳山、諸羅等舊有縣份，土地大致已開發完成，因此新來的移民不得不對外擴張土地。於是許多移民便私越番界，在邊陲一帶擅自開墾，禁令形同空文，這也是台灣統治當局最頭痛的問題。

清帝國雖然在消滅鄭氏王朝之後，將台灣納入版圖，然而行政統治權之不彰卻是清國當局心中最大的痛處，於是便採取「廣拓其土，使民無由所聚」的消極政策。在具體的施政上，除了嚴格對新移民設限外，更多方限制既有移民的拓墾範圍。清律「兵律私出外境及違禁下海」條款，即爲此事的最佳註腳：「偷入台灣番境，及偷越生番地界者，杖一百；偷越深山，抽藤、釣鹿、伐木、採稷者，杖一百，徒三年。」其目的在於防止移民進出山地番界，造成山區的法律空白地帶成爲滋事紛擾的禍源。在清國行政力所及地區，移民開墾需有官方所頒的墾照，政府即根據其所申報的土地甲數，定期徵收田地年貢。然而從移民的立場來看，這些土地都是自己用血汗、一步一腳印換來的成果，卻必須對這些貪官污吏繳交沉重的年貢，難免產生心有未甘的情緒。儘管當時擅自墾地的情形頗爲普遍，但絕非可隨時隨地任意行之，原因在於盤據各地的大墾戶或頭人各有其明確的勢力範圍，外來者無法輕易插足其中。於是這些後來者只好驅趕著一列列的幌牛車，深入邊境一帶另謀出路，其情景與美西拓荒的幌馬車隊頗有異曲同工之妙。而大里杙一帶即爲這些「無法者」的新天地，林爽文便是其中的一方之霸。乾隆四十九年，閩浙總督富綱向朝廷提議，針對番境內的新闢田地進行丈量，當此消息傳來，立時在移民間引起不安的騷動。

地下組織天地會

相信許多讀者都聽過，在明末清初，華南一帶曾出現一個著名的地下組織——天地會。他們打著排滿興漢的旗幟，根據民間傳說，這是由鄭成功所創設的組織，但實情並非如此。乾隆四十八年，有個名叫嚴烟的漳州府平和縣人，渡海來到台灣，爲籌設天地會的組織奔走。初次來台的嚴烟，因爲人生地不熟，只好尋求同鄉的庇護而到林爽文的住處投靠。林爽文麾下聚集的各路流民多對官府的暴虐作風十分反感，所以嚴烟順利地吸收了許多會員。除了林爽文之外，諸羅一帶的豪族楊光勳也加入天地會；甚至北到淡水的王作、林小文，南到鳳山縣的莊大田，也陸續參加此一行列。正所謂「聲氣聯絡，直通四邑」，一時間，整個社會氣氛頗爲不安。林爽文還因此與莊大田結成莫逆之交，彼此書信往來，過往甚密。

因循苟且的清官

乾隆五十年七月，當時的分巡台灣道永福、台灣知府孫景燧發覺民間的地下組織活動趨於活躍，遂命令所轄部署展開全面的逮捕行動。諸羅縣石榴班汛的把總陳和隨即出手逮捕黃鍾，解送縣城。其時天地會的重要成員楊光勳因與胞弟媽世交惡，媽世為與楊光勳的天地會抗衡，自行創立雷光會，兩會之間時時對立，緊張衝突一觸即發。是年閏七月，攝諸羅縣事同知董啓埏先對楊氏兄弟的父親楊文麟以及楊光勳之子楊狗下手。楊狗對差役行賄，得以脫身逃出，同時與其餘的天地會員共謀暗殺陳和。恰好彼時陳和又捉到另一名會員張烈，暫泊斗六門過夜，楊狗遂趁機放火救出張烈，並糾眾狙殺陳和。為此，永福與台灣鎮總兵柴大紀立即率兵趕赴諸羅，立時逮捕黨羽數十人。不過這些善於做官的滿清大人卻唯恐事件擴大將影響自己在台灣的政績，因此故意牽強附會，將天地會改為諧音的「添弟會」(ThiNtehue)，硬說這是楊光勳為了與媽世對抗而自行創設的地下組織，還發表正式聲明，表示其對社會治安並無太大影響，將所有罪名歸于楊氏一族，關聯者數十人全數遭斬，此事就此告一段落。雖然當時按察使李永祺恰好來台視察，但是他卻完全接受永福等人的說法，並未深入追究事實。這事帶給天地會成員莫大的震撼，因此趕忙集聚於大里杙，催促林爽文下定決心，舉起反清抗暴的義旗。

翌年（乾隆五十一年），新任的彰化縣知縣俞峻是個冷面無情的酷吏，對天地會員的追緝毫不留情，只要捉到組織成員，隨即施以杖擊之刑，甚或當場格殺。是年十一月，柴大紀啓程外出視察，途經彰化，彼時天地會欲興兵起事的企圖早已昭然若揭。北路理番同知長庚之向柴大紀提出建議，應及早出兵爲宜，然並未被接受。他僅派遣游擊耿世文率兵三百，陪同知府孫景燧前往彰化駐紮，其實當時各地的小規模官民衝突早已不斷。知縣俞峻則派遣北路營副將赫生額隨同耿世文等人出兵大墩（今之台中），肆行濫捕，更有甚者，縱火焚燒數處無辜的小村落，企圖藉此對天地會成員產生殺鷄儆猴的效果。大墩與大里杙相隔不遠，村落遭火舌吞噬的陣陣黑煙隨即引起大里杙人的注意。不久，僥倖逃過一劫的大墩村民陸續逃到大里杙避難，渾身上下還沾滿血泥，狀極狼狽。林爽文這才驚覺，自己已經走到生死關頭，進也是死，退也是死。是夜，他便糾集村民行動，奇襲駐紮大墩的清營，隨即又向南挺進，攻陷彰化縣城，其時是爲乾隆五十一年十一月二十七日。彰化縣城的守兵僅八十人，眼見移民軍團大舉兵臨城下，知府孫景燧便與長庚之商議，決定動員番人在城外挖掘深溝，插上尖銳的竹槍，進行最後的城池防守戰。沒想到城中早有林軍的內應，內外夾攻之下，彰化城終於不保，孫、長、劉亨基等人皆戰死沙場。到了十二月七日，連諸羅縣城也被移民軍攻下。

移民軍席捲全島

當林爽文起義的消息傳出後，北部的王作立刻糾眾呼應，並斬殺護淡水同知程峻，而南部的莊大田也在同月的十三日攻下鳳山縣治，此時幾乎全島都在移民軍的掌控之下。林爽文受眾人推舉為盟主，建年號為順天，於彰化縣署置盟主府，並設彰化知縣、北路海防同知、征北大元帥及平海大將軍等官職。莊大田本人則自任為南路輔國大元帥，另任命南路輔國副大帥、定南將軍、開南先鋒及輔國將軍等職。

久攻不下的台灣府城

到此為止，移民軍還遲遲無法攻破的，只剩下台灣府城（台南）及鹿港兩個地方。

當時在台灣府城內駐守的，有分巡台灣道永福及南路海防兼理番同知楊廷理，在他們沉著的指揮下，以民兵團有效地防禦移民軍的攻勢；另一方面，則派遣快船返回內地告急。乾隆五十二年一月，閩浙總督常青遂命福建水師提督黃仕簡率領金門、銅山兵二千名，以及福建陸路提督任承恩率領興化兵二千名，渡海由鹿港登陸。孰料，前來支援的兩名提督見到移民軍旺盛的士氣，竟然袖手旁觀兩軍交戰，根本不願讓自己的子弟兵下場應戰。民間對此頗不以為然，遂作歌以為諷刺：「黃公大臣（指仕簡），提督軍門（指承恩），一籌莫展，寸步不行。」沒想到這個風聲竟然傳回北京，乾隆皇帝對此大爲震怒，遂免除常青的總督職位，命他即刻以前線總司令官的身份進駐台灣，另外並增派福州將軍恆瑞以及江南提督藍元枚率兵前往馳援。

然移民軍並未因此退縮，反而加緊攻打台灣府城的腳步。未久，小東門終於冒出熾烈的火花，而民兵也以薪俸過低爲由，紛紛棄守各自崗位，城內開始陷入一片混亂，官民人人爭先恐後，企圖出海逃亡，府城隱然瀕臨淪陷邊緣。然而此時莊大田的陣營中卻發生通敵的背叛事件，主角是泉州府晉江出身的莊錫舍。當莊大田決定起兵之時，主要集結的是漳州籍同鄉，而同時，莊錫舍也號召許多泉州籍移民，兩者的勢力約在伯仲之間。最後莊大田卻被拱爲大元帥，莊錫舍淪爲陣中的老二。他心中略有不平，不過在鳳山縣治的攻擊行動中，莊錫舍立下莫大戰功，因此驕縱自傲，不太服從莊大田的領導，爲此莊大田也傷透腦筋。由於莊錫舍有親戚在府城爲官，不少證據顯示雙方有秘密往來，莊大田遂開始對莊錫舍嚴加提防，唯恐莊錫舍伺機製造陣中內鬨，不久莊大田便決定撤兵，暫時解除了府城的危機。

鹿港的泉州籍移民

至於鹿港，係泉州籍移民開發而成的港埠。早在林爽文起義之前四年，曾有無賴流氓在彰化縣治附近的莿桐腳庄開設賭場，由於有人使用僞幣權充賭資，漳泉兩派的年輕人之間爆發了激烈的爭執。衝突後來持續發燒，兩派人馬各自回村糾集同夥，持續對立的結果，終於發展成爲大規模的漳泉械鬥。雖然後來在官府強力介入下，事件暫告一段落，然而彼此間卻已結下不解的仇恨。因此當林爽文興兵攻打鹿港時，泉州籍住民不僅視若無睹，甚至還大開城門，迎接來援的清兵。

壯烈的嘉義城攻防戰

當移民軍正全力搶攻府城與鹿港之際，諸羅城卻爲柴大紀趁機奪回。鄭氏王國時代，其地乃屬天興縣所轄，康熙二十三年，淸國當局將其改名爲諸羅縣。諸羅之名係來自世居當地的平埔番Tsurosan（根據荷蘭人留下的文獻，可見Thilaocen或Tirocen的記錄）。在〈嘉義縣城工義倉碑記〉中，曾留有如下記載：「其地屬全台中樞扼要之地，爲輔衛郡城之據點。倘若嘉義失陷敵手，雖郡南之鳳山一帶，信息仍可相通，但郡北之彰化、淡水及噶瑪蘭等地，即陷入交通阻絕之困境。」由此可見其在軍事上的要衝地位。自從康熙四十三年，嘉義築城以來，曾歷經數次擴建與維修。柴大紀奪回此城後，立刻發動四萬名城民防禦備戰。移民軍對此重要軍事據點亦不願輕易放棄，只見嘉義城外密密麻麻包圍著數十層的兵馬，不斷地發動猛烈搶攻。未幾，城內的食糧開始短缺，除了地瓜、野菜之外，連草根、豆粕跟油滓也被用來果腹。移民軍見此，故意在城外大啖佳餚，希望藉此突破守軍的心防，然而意志堅定的柴大紀並未因此動搖。

嘉義城內有一座二十三將軍廟。該廟於明治三十九年毀於大地震，如今已無跡可尋。這座廟宇所奉祀的主神，便是當年死於城池保衛戰的二十二名勇士，以及一隻忠勇護主的義犬。這隻受到後人崇敬膜拜的忠犬，因爲眼見主人戰死，憤而衝入敵軍陣中，嚙斃一名敵兵，並另外咬傷數名士兵。義犬回到自己的陣營後，一步也不願離開主人的屍體，甚至在主人下葬之後，還用爪子在地面扒出一個坑，自己撞死在坑底的石頭上，聞者無不爲其忠義之情所動。

當年朱一貴舉兵之際，曾經出現一匹因主人羅萬倉將軍戰死而陪殉的義馬。如今，嘉義人還流傳著「一狗一馬」的俚語，其典故即來自這兩個傳說。

而嘉義城的攻防戰即爲此次移民起義的高潮。到了是年十一月，福康安的援軍終於趕到，嘉義才得以解除圍城的危機。乾隆皇帝爲了嘉許有功的戰士，遂將地名諸羅改爲嘉義。

勇士的末日

嘉義城之所以被包圍長達十個月之久，原因在於清軍全盤戰術的拙劣。參照當年七月十五日的上諭，便可看出清國中樞對此極為不滿：「林爽文牽制北路，而莊大田掌控南路，我軍被迫時時奔走其間，叛軍趁勢得以進行聯絡，無能如常青者，根本無暇應對，叛軍時而襲東，時而攻西，令其疲於奔命。倘以戰事比之對弈，叛軍每每佔盡先機，官兵反倒應接不暇，長此以往，何時方得以平定大局。」孰料清軍陣營開始採取人海戰術，試圖以量取勝。時序進入八月之後，清國任命協辦大學士陝甘總督嘉勇侯福康安為大將軍，率領湖南兵二千名、貴州兵二千名、廣西兵三千名、四川兵二千名，總計動員九千名士兵，戰船數百艘，浩浩蕩蕩由鹿港登陸台灣。從岸邊遙望海上，遠遠便能看見船艦的桅杆綿延達數里之遙，移民軍團的內部開始產生動搖。

清軍上岸之後，首先在彰化城外的八卦山對移民軍造成重創，繼而乘勝追擊，為嘉義城的守軍解圍，然後再獲得斗六門一役的勝利，清國大軍終於兵臨大里杙城下。大里杙乃是林爽文最後的碉堡，他命令士兵高築土城，佈設巨砲陣勢，以溪流為護城河，義無反顧地迎戰如潮水般湧來的清軍。移民軍團最後寡不敵眾，兵敗如山倒，殘餘部眾逃往集集埔。當時由水沙連的化番通事黃漢所指揮的一群熟番，在山區的搜索行動中發揮了莫大的功勞。林爽文的父親林勸、母親曾氏、胞弟林壘及妻子黃氏，都在此時落入清軍之手。林爽文則不得不繼續逃進深山，躲在阿里山支脈的小半天山上，据險頑抗。在此，移民軍又僥倖扳回一城，成功地削弱清軍的勢力，旋即遁回水沙連，然後再往竹南方向逃竄。林爽文投靠的對象是長久以來的知交高振。此時林爽文知道自己氣數已盡，便向高振說道：「這個出頭的機會就留給你了！」於是要求高振將自己綑縛交給官兵。不久即解送北京，遭處凌遲極刑。

至此，南部的莊大田只好獨力應戰。清軍處理掉北部的林爽文之後，得以集中火力對莊大田陣營進行猛攻。在獨木難撐大局下，莊大田只好逃往瑯璚一帶的番地。因其地鄰近海岸，極易經由海路脫身，因此清軍在海岸線佈下極爲嚴密的封鎖線，而這條封鎖線係由乾隆皇帝坐鎮北京，直接遙控指揮的。最後，莊大田終於在番地內尖山的石洞就縛，他的母親黃氏與部衆八百餘人當場慘遭屠殺。莊大田原本亦預定押送北京，不料此時卻生起急病，乃急忙在府城就地凌遲正法。

連氏的評價與文獻資料

連雅堂氏對此有評，曰：

> 林爽文之役，南北俱應，俶擾三年，至調四省之兵，乃克平之。較之一貴，爲尤烈矣。夫臺灣之變，非民自變也，蓋有激之而變也。一貴之起，始於王珍之淫刑，繼由周應龍之濫殺；從之者衆，而禍乃不可收拾。若夫爽文固一方之豪也，力田致富，結會自全。乃以莊氏之怨，起而誅殘，渫血郊原，竄身荒谷，揣其心固有不忍人之心也。

相關的文獻資料，如今可找到的，包括〈御成平定台灣告成熱河廟碑文〉在內的諸多頌讚功臣的詞誌碑文。此外還有《台灣紀略》七〇卷、趙翼《皇朝武功紀盛》所載的〈平定台灣述略〉、魏源《聖武記》所載的〈乾隆三定台灣記〉、抹東上堡大社庄（岸裏社的別稱）潘明慈家所傳的〈岸番抱守之圖〉等。

在此必須向各位讀者說明的是，本文主要參考資料有：伊能嘉矩《台灣文化志》、連雅堂《台灣通史》、台灣總督府《台灣名所舊蹟誌》（大正五年）等書。

（刊於《台灣青年》二期，一九六〇年六月二十五日）

匪寇列傳(3)

郭光侯

寫在前面

「匪寇列傳」預計在下回介紹余清芳之後告一個段落，接下來要介紹的是「拓殖列傳」。不過余清芳的事件發生於日治時代的大正五年，因此清帝國時代的部分，便談到這裡爲止。

在清帝國統治台灣的兩百多年歷史中，幾乎有半數以上的時間都花在弭平「匪寇」的亂事上，此外並無何可觀建樹。以下依照事件發生年代，列出部分在歷史上規模較大的人民起義。

吳球之亂	康熙三十五年（一六九六年）	諸羅縣
劉卻之亂	康熙四〇年（一七〇一年）	諸羅縣
朱一貴之亂	康熙六〇年（一七二一年）	鳳山縣
吳福生之亂	雍正一〇年（一七三二年）	鳳山縣

黃教之亂　乾隆三十五年（一七七〇年）　台灣縣
林爽文之亂　乾隆五十一年（一七八六年）　彰化縣
陳周全之亂　乾隆六〇年（一七九五年）　鳳山縣
蔡牽入侵　嘉慶五年（一八〇〇年）　台灣縣
高逵陰謀事件　嘉慶十六年（一八一一年）　淡水廳
林永春之亂　道光三年（一八二三年）　噶瑪蘭廳
許尚之亂　道光四年（一八二四年）　鳳山縣
黃斗奶之亂　道光六年（一八二六年）　彰化縣
張丙之亂　道光十二年（一八三二年）　嘉義縣
郭光侯之亂　道光二十三年（一八四三年）　台灣縣
李石之亂　咸豐三年（一八五三年）　台灣縣
黃位入侵　咸豐四年（一八五四年）　淡水廳
戴潮春之亂　同治元年（一八六二年）　彰化縣
陳心婦仔之亂　同治十三年（一八七四年）　彰化縣
施九緞之亂　光緒十四年（一八八八年）　彰化縣

爲何台灣匪寇如此多，原因還有待歷史學家進行詳細的研究，不過根據《台灣文化志》作者伊能嘉矩的說法，第一個原因是，渡海來台的移民們原本即富有獨立勇敢的精神。第二、鄭氏三代在台灣的經營，使人民在潛移默化中培養出排滿興漢的精神。第三、歷史經驗告訴台灣人民，勝者爲王，敗者爲寇，因此小小的失敗並不會使其卻步不前。不過，這些看法似乎有失於唯心論的危險。道光二十八年，徐宗幹奉命出任分巡台灣兵備道，他的文牘中就有一段話頗值得玩味。

各省官吏之中，以閩地最爲惡形惡狀，而閩地之中，又以台灣的情形最爲嚴重。然而同樣都是大清的子民、大清的官員，謂之台島之民皆爲刁民，台島官吏盡皆無能，誠難令人信服，如此徒然使情勢更形惡化。

簡單地說，民心思變只因生活過於窮困而已。

就百姓的立場而言，揭竿而起已是最後的手段，生死早已置之度外。現實生活中，百姓面臨的是饑寒交迫的日子，連基本的生計亦無力確保。既然離鄉背井來到海外的孤島，與其坐以待斃，倒不如起而抗之，或許還有一條生路。倘若百姓的生活無法擺脫窮困，絕無太平治世之理，如果置之不理，情勢只有益發嚴重一途，以武力彈壓只會招來更大的反彈。

就官員的立場而言，縱有怠忽職守之情事，卻未必會遭受彈劾，縱使有朝一日，東窗事發，也是將來未可知的變數。眼前公私各方面所費不貲，微薄的薪餉實不足支應。

對彼等而言，渡海到台灣赴任，原本即抱著必死的決心，儘管生活困頓，在舉目無親的異地，連舉債都有困難，最後只好流於瀆職壓榨之徒。倘若官員的生活窘迫，統御管理立見困境。即使加強彈劾亦難收效，縱使拘押免職，其後繼者亦難免重蹈覆轍。

人世間原本沒有比生命更爲寶貴之事，而今官民皆願冒生命之危險，追逐金錢與財富，難道在彼等的觀念中，果眞視錢財重於生命乎？道理其實十分簡單，當生活窮困到了極點，任何人都會甘冒殺頭的危險，企求換來生活的溫飽。

再加上出使台地的官員，經辦事務唯錢是問，更助長這種風氣，結果卻反過來誣賴百姓，說這些刁民重利輕命，無法可治。……

且說道光二十四年（一八四四年）三月，其時正逢台灣準備開征下半年的地賦，知縣閻炘突然刊出公告，宣佈自該年起，禁止農民繳納稻穀等實物（謂之「本色」），換以改折（換算為銀幣）的方式納供。此改制案於前一年由分巡台灣兵備道熊一本、台灣知府同卜年提議，且獲得許可通過，其換算標準爲每石稻穀折合銀幣二元五角～三元，沒想到當年的稻穀價格大幅滑落，稅率高出原本的數倍以上，造成改折繳納者的重大損失，引爆農民社會的重大反彈。

清代的台灣稅制

爲了幫助各位讀者瞭解當時的情況，在此簡單說明清國時期的台灣稅制。

清帝國在台灣所施行的稅制，基本上仍沿襲鄭氏王朝時代的舊慣，區分爲地賦、丁銀(人頭稅)及雜賦(商業、漁業等之課稅)三大類。其中尤以針對農耕地課徵的地賦最爲重要。田(水田)與園(旱田)分別依其水利之便及土壤沃瘠程度，區分爲上則、中則及下則三個等級，每甲(kap，語源來自荷蘭語之kop，大約等於日本的二千九百三十四坪，中國的十一畝三分餘)徵收之賦稅如下：

上則田	稻穀	八石八斗	上則園	五石
中則田		七石四斗	中則園	四石
下則田		五石五斗	下則園	二石四斗

在清帝國的大陸上，早就施行以銀幣納稅的制度，上則田每畝須繳銀五~六分至一錢一~二分不等，如果乘上十一・三倍的話，可知每甲約須繳一兩三錢。反觀台灣的情況，如果以稻穀最便宜的價格來計算，每石約爲三錢，八石八斗折合約銀二兩六錢四分，兩者相較之下，可知台灣人承受了將近兩倍的重稅。如果稻穀價格上揚時，情況更爲嚴重。而且除了正供(正稅)之外，農民還必須負擔大約相等份量的耗羨(指用來彌補斤兩不足之附加稅)，故可知

台灣百姓生活的壓力了。

但是台灣人爲何能長期忍受如此苛刻的稅制呢？除了台灣的田園原本即較爲肥沃之外，當時清帝國的政治力量尚未充分滲透，因此百姓多謊報開墾田地的面積，藉以彌補高稅率的損失。

事實上，清國官府也清楚民間的詭計，因此屢屢提出清丈改畝（對耕地面積進行精密測量，將土地單位由甲改為畝，簡化徵稅事務）之議，但是百姓始終堅持應先行減稅，再進行清丈作業，導致這項提案始終流於不了了之的結果。清丈事業聽來雖然偉大，但是在「三年一小反，五年一大亂」的台灣，無力的清國官吏根本推不動這項工作。直到光緒十三年（一八八七年），台灣巡撫劉銘傳才正式著手，果然遭到民間強烈反對，最後只好半途而廢。然而百姓並未因此分享太大的好處，除了大盤的收購價格低落外，再加上人口快速增加，以及連年旱澇不調的結果，百姓的生活一年比一年苦。

表面上看來，課稅方式由原有的本色換爲改折，似乎是引發這一波反政府運動的主因。然而早在事件爆發之前，各地官員便已懂得利用各種手段，權變營私，暗自以銀兩課稅，而這項遲來的諭令，只不過是將既有的地下交易就地合法罷了。有些地區早已採取直接徵收銀兩的方式，有些則是稻穀與銀兩各半，而帳簿上卻只記載稻穀的數量，換算比率也由稅吏片面決定，想當然爾，其公定價格往往較市價爲高，而這正是弊端之所在，貪官污吏便利用其中的價差中飽私囊。

話說回來，以稻穀繳稅確實有其不便之處，做法也較過時，而熊一本、同卜年提出改本色爲改折之議，確實也合情合理。但是人民對於清官過去種種欺凌百姓的做法絲毫沒有信心，倘若眞的將地賦的繳納由稻穀改爲銀兩，百姓擔心將永遠淪爲官府的俎上魚肉，這點倒也無可厚非。

引發衝突

對於此次官府的稅制改革，雖然全台各地盡皆怨聲載道，然而其中反彈最爲強烈者，應屬台灣縣下的十九個里（永康、長興、新豐、保大、羅漢門、歸仁、崇德、新昌、永寧、依仁、永豐、仁和、仁德、文賢、效忠、廣儲、大目降、武定、新化），這些地區的民衆毫不在乎官府的命令，硬是依照舊例，將稻穀送到官府的縣倉。群衆公推保大里的葉周、劉取及余潮爲首領，某日，所有人將稻穀裝上牛車，一長列的牛車隊伍便朝向小東門內右營埔的縣倉前進，台灣知縣嚴炘得報後，隨即下令部署，絕對不准接受這些群衆的稻穀。來者早已料到會有此結果，也不願輕易退卻，竟然就地靜坐下來，試圖對官府施加壓力。情況發展至此，知縣只好決定進行強力驅散，以妨害公務的罪名拘捕有意抗爭的群衆。可悲的是，一車車的稻穀竟然被棄置荒野，官民兩造誰也不願出面處理。僥倖逃回村裏的民衆對於官方這種粗暴的處理方式極爲憤慨，認爲唯有起義抗暴一途。情勢至此已十分緊張，知縣更搶先一步，向知府及道台回報事況緊急，請求派遣軍隊進行強力拘捕，如此一來，更導致官民之間的緊張對立。

郭光侯挺身而出

彼時在保大里之中，有一名叫做郭光侯的人物。他原名崇高，光侯是他的別名。不知什麼緣故，他的別名倒比他的原名更爲人所知。郭光侯是當時的武生（通過武場科舉的初試者），容貌魁偉，爲人行俠仗義，頗獲鄉人尊崇。

對於這次官民衝突事件，光侯原本覺得十分痛心，而葉周、劉取及佘潮等人又前來求助於他，希望光侯能夠出面處理善後。於是在召集鄉里的耆老共商之後，遂決定再度前往縣府陳情喊冤。

翌日清晨，群衆便再度集結，陳情隊伍的腳步愈接近縣治，人數規模便愈見增加，所有人都異口同聲地高喊著：「冤枉啊！冤枉啊！」氣勢甚爲驚人。來到東門外時，守城士兵見情勢不妙，急急忙忙將城門關上。而城內的大小文武官員聞訊，都連忙趕到城牆上頭，對城外的群衆隊伍高聲斥道：「來者何人？爲何聚衆到此鬧事？」民衆們也不甘示弱地回道：「改折納稅欺人太甚！這根本是惡稅！」儘管官員要求群衆立刻解散，但群衆勢不從命。雙方從上午的辰時一來一往地爭辯，直到正午還不願罷休，只見圍城的民衆越來越多，竟達到數千人之譜。城內的人心也受到外界的影響，開始逐漸發酵，官員們也因此慢慢心寒起來，最後不得已之下，只好答應陳情群衆，會盡快撤收改折課徵的告示，抗議隊伍這才漸漸散去。

翌日，道台向巡撫報告郭光侯蓄意煽動群衆包圍縣城，並派兵欲將其逮捕。光侯只好暫時躲在民家避難。當時他還認爲所做所爲並沒有錯，實在沒有必要遮遮掩掩地躲藏。但光侯身旁有兩三名謀士提議，既然情勢已經發展至此，乾脆起兵抗暴，否則別無他途，而光侯也開始仔細思量其利弊得失。

孰料就在同時，羅漢門木栅庄一帶的土豪黃號卻率領一群無賴流氓，高舉「官逼民反，匪首郭光侯」的大旗橫行各地，隨意掠奪民家財物，更有甚者，還攻擊軍隊，而光侯對此毫不知情。說也奇怪，稍有學問的人都知道，如果主張「官逼民反」的正義之師，又怎會自稱「匪首某某」呢？這種口號確實叫人匪夷所思。不久便有風聲走漏，說這是清官爲了嫁禍郭光侯，才故意唆使黃號假借名義作亂，目的便是爲了將光侯一族一網打盡，其用心之狠毒，令人難以想像。

郭光侯上京投訴

郭光侯原爲科舉出身的武生，見識不凡。他十分清楚，繼續留在台灣跟這些食古不化的芝麻小官周旋，絕對沒有好下場，乃決定偷渡前往大陸，直接向上級官府投訴。

於是郭光侯遂遣人前往安平港一探動靜，沒想到官方早已料到這一招，出入的檢查較平日更爲嚴格，這時連郭光侯也不禁心慌起來。

就在此時，有位姓李的砂糖盤商輾轉得知郭光侯的困境，願意助其一臂之力，正所謂天無絕人之路是也。他將郭光侯藏在一只裝運砂糖的大竹簍裏，混雜在堆積如山的砂糖簍中，裝上牛車運往港口，終於順利地瞞過役吏，把郭光侯送進船艙裏。

他便跟著這艘運糖的貨船一路經由福州、天津，最後來到目的地北京。

當時在朝廷中有位福建省泉州府晉江縣出身的陳慶鏞，官拜都察院御史的顯職，其人剛正不阿，名聲遍傳全國。八月廿五日，經人引薦之下，郭光侯終於逮到機會，在晉江會館拜會陳慶鏞。郭光侯一見到眼前這位人盡皆知的清官，便忍不住哭訴自己的冤屈，而陳慶鏞本人出身福建，對於一衣帶水的台灣向來至爲關心。耿直的郭光侯不辭千里而來，也使他動了愛才惜才之情，遂決定代其申冤，命令刑部立刻嚴查此案。

結果台灣知縣閻炘遭到免職處分，其轄下的惡官酷吏也各自遭受應得的懲罰。郭光侯的冤罪也因此獲得平反，但是糾衆抗官的罪名仍無法可免，郭光侯因此被迫流放到台灣外地。而造成這場官民衝突焦點的租稅，雖依照原定計劃改爲直接繳納銀兩，但是每石明定爲二元，不再隨市場價格波動。

連氏的評價

連雅堂氏評曰：

嗟呼！士大夫讀書論世，慨然以天下爲己任。而一逢其變，則縮項潛伏，身未行而氣先羸，或且枉己狥人，翻然而與之合，以行其不義者，何其卑耶？光侯、九緞皆鄉曲之細民，手無寸柄，而爲義所迫，不顧利害。此則士大夫之所不敢爲，而彼肯爲之。何其烈耶！其事同，其志同，故並傳之。

（刊於《台灣青年》三期，一九六〇年八月二十日）

匪寇列傳(4)

余清芳

台灣有句膾炙人口的俚語：「余清芳害死王爺公」，此處的王爺公即指玉井(GiokciN)的王爺公廟。當時日本當局逮捕許多余清芳黨羽，由於人數過多，監獄不足，竟然把位於市街中心的王爺公廟權充臨時的拘留所。日本人還從附近採來許多粗渾的青竹，於伽藍廟寺的四周密密痲痲地包圍釘椿，以防止人犯逃跑。這種作爲完全把王爺公的神威損毀殆盡，因此民間才出現這句俗語。

不過也有人認爲，本句王爺公實際上是暗喻當時玉井一帶無辜遭受牽連的百姓。在漢人編著的《台灣革命史》(民國十四年)中載有：「我們聽見了台灣的老前輩說，當日本兵到了噍吧哖的時候，不問黑白，不論男婦老幼，都說他們是革命黨，把這噍吧哖全村盡殺了。血流到溪水變成紅海，嗚呼慘矣。」由此可想見當年兵禍發生時的慘狀。

噍吧哖(Tapani)如今被稱爲玉井。原因是當年日本治台期間，以漢字的假名發音，將其改爲TAMAI(玉井)，後來台灣人才逐漸改稱其地爲玉井。這與打狗(Tankau)—TAKAO(高雄)—Kohiong的演變過程類似。其實無論是Tapani或TaNkau，原本都是由番社的名稱而來，其原名分別爲TAPANI(荷蘭人的記錄為Dobale，Daubali)及TANKAU(荷蘭人的記錄為Tancoia)。TAPANI社人原本定居於新化(舊名大目降)東北方的那拔林(Napuatna)一帶，隨著漢人移民逐漸增加，遂後退至玉井一帶，並且把原居當地的番族TAPANI社趕往更深的山林裏，亦即強凌弱、衆暴寡的叢林法則。

噍吧哖在台南的東北東方四十公里處，位於曾文溪上游斗六溪與後掘仔溪的匯流處，遠在乾隆時代即以青果集散地著稱。沿著斗六溪谷北上，右側可見標高五百公尺的虎頭山，經過楠栖之後，即抵達嘉義廳的後大埔。另一方面，沿著後掘仔溪向東南方上溯，沿途會經過芒仔芒、北寮、竹頭崎，最後碰上橫亙在台南廳與阿猴廳交界的中央山脈。尤其後堀仔溪上游的草木特別旺盛，各種灌木雜草幾達人高，其間僅留一條可勉強通行的牛車道，不過在越過最陡的斜坡之後，可見到許多零星分佈的小型盆地，土壤堪稱肥沃。因之自古以來，即有許多匪徒選擇此地爲根據地。朱一貴的故鄉羅漢門亦距此不遠。

而余清芳事件發生的舞台也同樣在這一帶，因此世人多稱之爲噍吧哖事件。也正因爲余清芳在此起義，才使得噍吧哖的名稱永留青史。

不過余清芳事件還有另外一個名稱，即西來庵事件。這是因爲台南市的西來庵正是他們籌劃起義的場所。雖然在事件結束之後，西來庵被硬生生拆毀，如今早已無跡可循，然而同樣拜余清芳之賜，其名亦將流傳千古。

陰謀暴露

時值大正四年，在阿猴(屏東)廳蕃薯寮甲仙埔及台南廳的噍吧哖兩支廳境內，謠傳將有人起兵抗日，社會上人心惶惶，不可終日。原來就在前一年，第一次世界大戰爆發，日本出兵支那大陸，攻打青島的德軍基地。到了大正四年一月，日方更向袁世凱提出二十一條要求，至此日本對中國的野心完全暴露，引發中國社會輿論的強烈反彈。儘管日方嚴密封鎖相關消息，但是風聲還是悄悄地傳進了台灣。當局唯恐島內民衆藉機鬧事，在各方面都嚴加戒備。

五月二十五日，有一位原籍阿公店(岡山)的住民蘇東海在駛往厦門的大仁丸上遭警方拘捕。他原本即爲日方嚴密監控的對象之一，在日警強力拷問下，終於被迫吐露實情，並且供出散居於全島各地的同志名單。其中被視爲首謀者的余清芳、江定及羅俊等人，卻早一步得到消息而逃逸了，這也使得總督府更爲緊張。

羅俊首先落網

六月二十九日，在嘉義廳竹頭崎的森林裏，三人之中的羅俊在毫無抵抗下就逮。警方同時還沒收了兩份他所撰寫的祈禱文，其中一份內容如下：

奉道求法弟子羅俊，某住，某年歲。因日本據台，首尾二十有一年，酷虐已甚，橫殺忠良，黎民塗炭，慘莫勝言。羅俊等目擊心傷，思欲招募義氣忠良之輩，共掃日本，以安人民。其奈他嚴禁密查，橫擄毆酷，羅俊進退兩難，無計可施。今審地設壇，在台灣嘉義縣尖山坑庄山頂，志心載禮，虔誦經咒，求學妙法。伏求玉皇上帝敕令衆仙祖、佛祖，神聖降臨，現身指教，傳授妙法。羅俊等願輔國安民。若有異心，願受誅責。切切此叩。

羅俊再拜頓首

天運乙卯五月十四日(舊曆)戊子日牒

從以上這篇祈禱文裏，確實可以清楚看出羅俊抗日的動機，與其所面對的困境。

安政二年(一八五五年)，羅俊生於嘉義廳他里霧庄。他天性聰穎，曾經擔任教職與醫師，在台灣改隸日本時，還被委以保良局書記之職。明治三十三年，由於違抗當局的命令，潛逃大陸，其間曾一度伺機返回台灣，到了明治三十九年再度前往大陸。當時他掛單於天柱巖的寺院，終日吃齋誦經，彷彿過著山中仙人的日子。不久，中國的辛亥革命成功，羅俊不禁遙望台灣的天空，發出深沉且無奈的喟嘆。沒想到此時有位名叫陳全發的台南人渡海來到厦門相訪，原來他是來說服羅俊重出江湖。來者說道：「如今台灣皇帝已在台南現身，準備興兵驅逐日本人，現在聚集的同志已經超過數萬人。」羅俊對此異常心動，認爲時機終於到來，於是便於大正三年偷渡返台，並積極在北部一帶招募同志，等待與自稱台灣皇帝的余清芳接頭的機會。

余清芳西來庵密商大計

余清芳於明治十二年出生於阿猴。幼年時期與父母舉家遷往台南廳的後鄉庄，並進入書房修習，由於其天賦聰慧，舉一反三，父母與鄉里皆對其寄予厚望。然而生性浪漫放逸的余清芳卻不願在一處落地生根，過安定的日子，便出外四處流浪，他曾有兩次入警隊幹巡查的記錄，但都持續不久，最後竟然流落到台東加路蘭流浪者收容所裏。大正三年，余清芳輾轉來到台南市府東巷街經營福春號精米所，這也是他人生的轉捩點。彼時他開始出入市內的菜堂，並與西來庵的董事蘇有志相識。蘇有志出身大目降的名門世家，並曾擔任台南廳的參事，向來即對日本人的蠻橫頗感不滿。在蘇有志的支持下，余清芳與大潭庄區長鄭利記開始初步往來，三個人遂在西來庵密謀起義之事。

張重三某次在中部散發西來庵神符，秘密招募同志時，無意中結識了羅俊，後來才將他介紹給余清芳。大正三年十一月，在府東巷精米所內的一處密室，羅俊與余清芳首次謀面，余清芳一見面就對羅俊推銷他的偉大計劃：「目前日軍全力搶攻青島，兵力正是最薄弱的時候，如果台灣人能夠趁機起義，與德軍相互呼應的話，日本絕對難以招架。而且我們還可以對外宣傳，將有十幾萬的革命黨員從中國趕來援助！」

羅俊對此大表認同，後來便僞裝成江湖地理師，走遍全島各地，全心投入革命的宣傳活動，積極招募同志。無奈半年後卻遭到日方逮捕的厄運。

不死的傳奇革命家——江定

江定是台南廳楠梓仙溪竹頭崎庄人，在他參與余清芳起義之前，已有兩次死裏逃生的經驗。第一次發生於明治三十年，當時江定被任命爲區長，由於部下誤殺了人，噍吧哖的憲兵隊欲將之逮捕，江定遂逃入深山中，從此不知去向，儘管軍警費盡九牛二虎之力，還是無法找到他的下落，最後只好認定他已經死亡。第二次是在明治三十三年，當時台灣發生全島性的大規模武裝起義，沒想到江定也帶了四、五十名部下，在嘉義廳後大埔一帶起事，日方發現之後，採取更嚴密的搜索行動。翌年三月二十四日，當局接到密報，說江定藏身在南庄一帶，日警遂佈下天羅地網，擊殺兩名被認爲是土匪的男子。當局爲了愼重起見，特令竹頭崎庄的張牛驗屍，張牛雖然心中緊張，還是成功地瞞過日本人，咬定死者之中有一人是江定沒錯。

大正四年三月，江定的一名部下林吉將余清芳帶到興化寮與他見面。結果江定也爲其說動，兩人約定一旦起兵之日來到，即由江定出任余清芳的副將，而十多年來悠閒自適的退隱生活也就此畫上句點。不過根據江定本人後來在獄中的說法，余清芳是在事跡敗露之後，倉皇地逃入山林，並在李文萬及林吉等的引介下，才要求江定提供他暫時藏身之處。沒想到日警卻隨後趕到，並且開槍射殺了江定的獨生子江憐，江定盛怒之下，才決心投身起義的行列。

充滿迷信氣息的事件

余清芳假借西來庵廟宇整修的名義，實則進行起義資金的募集，到大正四年四月時，已經募到四千圓善款，實際的修繕支出卻僅有七百六十圓，與大陸方面的聯絡工作，則用去了六百圓，然而餘款卻在不久後宣告用罄。

在對外的宣傳上，余清芳非常具有煽動力，他的說法充滿了天馬行空的迷信意味，譬如「將從中國聘來法力高強的法師」、「只要修習法術，便能刀槍不入，連子彈也無法傷身」、「山裏頭埋著一把天賜的寶劍，只要抽出十分之一，便能殺敵兵一萬，抽出十分之二，則能殺敵兩萬」、「當起義的時機來臨，天帝將降下毒雨，刮起毒風，到時不僅日本人會慘遭滅亡，連沒有參與起義的台灣人也不可免」、「把日本人趕走之後，將創造一個理想的世界，消除貧富的差距，更不需要徵收稅金」等等。

余清芳當時所散發的諭告文，如今還保留得十分完好。在四尺餘見方的淡黃色唐紙上，以雄渾的楷書字體寫著：「大明慈悲國奉旨本台征伐大元帥余　示諭三萬台民知悉……」云云。這種充滿迷信的煽動手法，簡直就是中世紀革命的翻版；也因此打從一開始，智識階層便對其不屑一顧。

激烈至極的反抗行動

當局對此的反應也十分敏銳。六月二十九日，羅俊率先遭到逮捕，當天便有二百七十名警力趕往噍吧哖一帶。因爲警方早已得到余清芳潛逃此地，企圖投靠江定的密報。至於反抗義軍的大本營西來庵，當日警趕到時，只見四處散落著神符或兵書。余清芳曾在隨身的手記上記下當時逃亡的情況：「連夜大雨淋漓，奔走未停，五月二十有二日（新曆七月四日），經由鹽水港來到交嫂坑。翌晨，二十有三日，仍於此地暫居一日。此日三十八人皆平安，然本帥心中不免擔憂，衆部下連日夜不能安眠，日不得飽餐止飢……」充分顯露亡命生活的憂心勞苦。

七月六日，在牛港仔保護電話架設作業的兩名警官無意中與江定的部衆發生遭遇戰。根據警方發佈的消息，江定的獨子江憐即在這次戰鬥中喪命。

七月九日，趁著甲仙埔支廳毛利支廳長的討伐隊伍外出，抗日民軍對其發動奇襲。另外數小隊則同時攻擊小張犁、大坵園、蚊仔腳及河表湖的分駐派出所，合計共殺害了三十四名日警。起義民軍的裝備十分薄弱，主要以刀槍爲主，槍支火器的數量絕少，十人之中僅持有二、三把。

七月十四日，一百七十名日警趕來馳援，在對方優勢火力的壓制下，民軍立時被迫撤往後堀仔山中。然而八月二日，南庄再度受到三百名左右的民軍攻擊。包括吉田警部補在內，十二名員警在寡不敵衆下全數殉職。直到八月六日，南庄才在步兵第二聯隊今村中隊的手中收復。

南庄一役大大地提振了民軍的士氣，內庄仔一帶迅速編成千餘名的生力軍，準備投入下一波的戰鬥。在江定的建議下，民軍決定採取聲東擊西的戰術，表面上佯裝攻擊西側的大目降，主力卻悄悄進攻東邊的噍吧哖支廳。駐守該地的警官隊雖然在芒仔芒應戰，無奈敵我相差懸殊，只得撤守至噍吧哖。

台南廳長眼見民軍的勢力猖獗，在無法可想之下，只好向步兵第二聯隊求援。軍方先派出四個步兵中隊以及一個山砲小隊，在大目降、蕃薯寮及六甲一帶設下嚴密的防守警戒線。此時噍吧哖卻突然傳來急訊，主力部隊才緊急前往支援，與當地的駐守警力會合，並於虎頭山與民軍展開一場激烈的決戰。在虎頭山之役中，民軍遭受慘痛的打擊，幾乎潰不成軍。最後只剩下余清芳、江定率領著兩百名殘部，向東殺開一條血路。爲掩人耳目，余江二人將隊伍一分爲二。余清芳在輾轉流離之餘，最終於八月二十二日在王來庄被保甲民所擒。

審判史上從未出現的大量極刑

自從蘇東海被逮捕後，台灣島上便掀起一陣全面緝捕革命份子的行動。台南還因此設置了臨時法院，由全島各地借調頂尖的法官與檢察官前來支援。在余清芳被捕後，八月二十五日舉行第一次公開審判，連日密集開庭審理，一直持續到十月三十日爲止。被起訴者竟高達一千九百五十七人，台南廳光是爲了收容這些人犯，便傷透了腦筋，從牢房的安排、獄衣的製作、手銬的籌措等，可說費盡了心思。根據目擊者表示，當時余清芳兩手兩腳都被捆上一層層的鐵線，安置於一輛人力車上，周圍有重重的警力戒護，由台南車站押解至監獄。

此一事件的判決結果，獲行政處分者二百一十七人，不起訴處分者三百三十三人，處死刑者八百六十六人（其中一部分因大正天皇即位特赦，獲減刑為無期徒刑），有期徒刑者四百五十三人，獲判無罪者八十六人，其他各類八人。八月六日，包含羅俊在內等七名遭行刑，八月二十三日遭處死者爲余清芳、蘇有志、鄭利記及張重三等四名，至十一月一日爲止，台南監獄總計處死了九十名犯人。然而根據上內恆三郎所著的《台灣刑事司法政策論》，實際執行死刑的人數恐怕超過千人以上（《台灣革命史》中所引述）。至於步兵第二聯隊在噍吧哖當地進行大屠殺的人數，則尚不在計算之列。

江定落入圈套

在日方當局執行大規模死刑的同時，江定仍舊隱身於山林中。儘管日人進行一次次大規模的搜山行動，卻始終捉不到神出鬼沒的江定。不得已之下，當局只好轉變策略，改為招降方式，在江定活動的地區設置許多告示牌，希望引誘江定出來投降，此外還安排江定的親戚或友人遷到山中，想盡各種辦法，企圖引誘江定出面。彼時台南市的名士許廷光、辛西淮（辛文炳的父親）、前阿猴廳參事藍高川、前台南廳參事江以忠、噍吧哖區長江寬及前區長張阿賽等人，對於政府之緝捕行動特別積極參與協助，可說是日人捉拿江定的馬前卒。翌年四月十日，台灣方面得知閑院宮將來台參加台灣勸業共進會，有關單位的焦急可想而知，遂公開宣稱，只要江定願意出面投案，將保其一條生路，甚至特准其經營畜產物交換的行業。四月十六日，江定在流屎坑和投降日人的昔日舊部石瑞見面，在張阿賽的居中協調下，向噍吧哖支廳投案。他隨身的物品只有一把步槍與四十四發子彈，以及一把台灣刀。

江定被捕後的表現遠比余清芳或羅俊更有好漢氣概，當局也為該如何處置他而左右為難。對於這名讓日軍顏面盡失的眼中釘，當局當然不願平白讓他離去，但是早先已對外公開交換的條件，倘若失信於民，也非日人所樂見。於是，日本人遂慫恿地方人士聯名，提出所謂江定死刑請願書，再由台籍有力仕紳出面，說服江定死心，再依照法律規定將之起訴，判處其唯一死刑。江定認為這有違雙方先前的約定，遂向高等法院提出上訴，結果當然只有被駁回的份，八月十三日，江定終於與三十七名部下一起被行刑處死。

事件的意義

日據時代的武裝起義事件到此終告結束，以下舉出幾件規模較大的武裝抗日行動，以供讀者參考。明治四〇年（一九〇七年），蔡清琳於新竹廳北埔發動起義，大正元年（一九一二年），劉乾於南投廳林杞埔起事；大正二年（一九一三年），羅福星的組織於苗栗關帝廟、東勢角、大甲、大湖及南投等地發動大範圍的抗日行動。然而整個日治時期當中，規模最大者，仍屬此一噍吧哖事件。

在上面提到的這些抗日行動中，除了羅福星是有意識地在台灣發動革命，藉之與大陸革命相呼應之外，其餘都是基於對日本人的反感，在邊陲所引發的零星農民起義，這些抗日活動與後來全島性的政治活動，在性格上頗有相異之處。這些勇士們的悲慘命運，讓台灣人民意識到日本政府強大的警察力量，並且發現唯有透過合法的政治運動：廢除六三法、設置台灣議會及民族自決等運動，才能有效地改善自身的處境。

〔參考文獻〕

本文參考資料，包括秋澤烏川著：《台灣匪史》（大正十二年），漢人編著：《台灣革命史》（屏東，新民書局），李稚甫著：《台灣人民革命鬥爭簡史》（華南人民出版社，一九五五年），台灣新生報社編：《民國三十六年台灣年鑑》，井出季和太著：《台灣治績誌》（台灣日日新報社，昭和十二年），小川尚義執筆：《大日本地名辭典續編，第三台灣》。

（刊於《台灣青年》四期，一九六〇年十月二十日）

拓殖列傳(1)
陳永華

鄭成功熱潮

最近，國府與中共似乎都不約而同地興起一陣鄭成功研究的熱潮。有關鄭成功的著作，在台灣便發行了十餘種專著，論文數量更高達數十篇以上。在中共方面，近兩三年來也出現若干鄭成功的專論書籍。連日本研究鄭成功的專家石原道博博士都不得不對此大感驚訝。

明眼人都看得出來，這股突如其來的鄭成功熱潮，在於雙方都企圖將鄭成功「神聖化」，把鄭成功塑造爲想像中的「民族英雄」。國民黨雖然將鄭成功視爲「反攻大陸」的絕佳模範，但他們似乎忘了鄭氏王朝的最終下場。而中共則把鄭成功當作「解放台灣」的最佳典範，卻忽略了當時的荷蘭人與現在的台灣人之間本質上已完全不同。

「開山王」鄭成功

在當時台灣人的心目中，鄭成功究竟是個什麼樣的人物呢？由於他充滿了旺盛的開拓精神，時人尊稱爲「開山王」。

衆所周知，鄭成功（一六二四～六二年）於一六六一年（明永曆十五年；清順治十八年）夏天，將荷蘭守將Frederik Coyett（揆一）趕出台灣，在台灣島上開創了新天地。他將荷蘭人留下的赤崁城改爲承天府，於要塞鹿耳門設置安平鎭，此外另設天興縣（縣治為後來的佳里興）與萬年縣（縣治為後來的舊城），正式拉開鄭氏王朝的序幕。鄭成功還親率軍隊巡視附近番社，如果對方表現出恭順的態度，即賜予烟草與布料等禮物，以表撫慰之意；如遇抵抗，則對其展開無情的攻擊。大肚番阿德狗讓於激戰之末，終難逃被殺的命運，便是最好的例子。

鄭成功結束巡視之後，決定在台灣施行「屯田制」。所謂「屯田制」，指「農閒之餘，即召集從事軍事訓練，遇外襲則攜刀槍群起抗之，平常時日則下田勤奮耕耘」。在《台灣外記，卷十一》中，對當時情形曾有如下的記載：「諸鎭聽聞此言，皆起身稱謝，說道：『藩主今日不辭辛勞，興兵跋涉，開闢此海外之乾坤，創業流傳子孫代代，實乃古來未曾有之大事業，今更提此寓兵於農之計，確爲萬世罕見之良法，我等將遵奉力行。』即日起，各鎭遂領兵回返駐地，展開闢地墾荒之事業。」

鄭成功進攻台灣之前，曾與日本及南洋進行貿易，藉以籌措龐大的軍事費用，值得注意的是，他曾經前後五次向日本要求軍費支援。甚至到了鄭成功去世的那年春天，他還特別派遣義大利傳教士李科羅(Vittorio Ricci)前往呂宋，進行積極的外交攻勢，希望詔諭對方臣服。無奈時不我予，經過半年之後，他便結束了短暫的一生，享年卅九歲。

本文所要介紹的主角陳永華，在鄭經頻繁出兵福建的十九年間，成爲鄭氏王朝的最佳後盾，守住鄭成功在台灣所留下的各項基礎，可說是個意志堅定、格局遠大的開拓先鋒，同時也是台灣人不可不知的重要歷史人物。

陳永華的出身背景

陳永華，字復甫，福建同安縣人。其時鄭成功身爲招討大將軍，以思明府(廈門)爲大本營，連戰連敗，加上部屬接二連三投靠清軍陣營，傷透了腦筋。兵部侍郎王忠孝遂向鄭成功推舉陳永華，讚譽爲「經濟之才」。連氏曾於《台灣通史》中說：「成功接見陳永華，與其暢談時務，終日不知疲倦。其後成功大喜，讚道『復甫實乃今之臥龍也』。」

不久後，鄭成功遠征南京(一六五七年)，自甘輝以下的主力部隊幾乎遭受徹底殲滅，最後不得不選擇進攻台灣之途。然而營中上自文武官員，下至士兵之眷屬妻小，許多人都感到萬般躊躇。根據《台灣外記》的描述：「台地初闢，水土不服，病者旋即死去。故各島之藩眷皆延遲不前。」

陳永華當時在厦門的大本營中輔佐年僅廿一歲的鄭經留守。而鄭經著名的桃色醜聞即發生在這段期間。鄭經當時與第四個弟弟的乳母有染，向來重視軍令，近乎冷酷無情的鄭成功聽到這個消息，極爲震怒，隨即下令欲處死其妻董氏（後來的董國太）、鄭經、乳母及兩人的私生子。據說這件事情的爆發也爲鄭成功的健康帶來隱憂，成爲早逝的遠因。

鄭成功死後，台灣島內出現擁立鄭經之弟鄭襲的暗潮，鄭經立即任命周全斌爲五軍都督，陳永華爲諮議參軍，馮錫範爲侍衛，率領大軍進駐台灣，鎮壓反叛勢力。翌年春天，鄭經率領主力軍隊渡海來到厦門。然而沿岸各地的戰情依舊對鄭軍不利，清國朝廷每次向鄭營進行招降戰術，總會有人叛離而去。鄭經雖然提出「拒絕薙髮蓄辮，獨立建國，如朝鮮般稱臣納貢」的條件，但雙方卻因在薙髮的議題上無法取得共識，最終不了了之。

一六六四年（永曆十八年；康熙三年），原屬鄭營的沿海諸島終於全面失陷，鄭軍被迫全體退至台灣。陳永華與馮錫範等人守護著董國太，率先撤退至台灣；此外明朝宗室如寧靖王、瀘溪王、魯王世子等，以及沈佺期（光文）等文化人亦隨行來台

陳永華的經略營運

傳說中的陳永華是個「舉止飄飄，具有輕裘緩帶之風」的人，其妻洪氏則是一位氣質優雅

的女性，經常賦詠詩文。每天起床，夫妻兩人總在整頓衣冠之後才開始交談，感情雖然親密，卻仍保持相敬如賓的家風。

陳永華輔佐鄭經時，頗受其信任，當鄭經將軍事大權交付給他時，永華更是戰戰兢兢，矢志效忠鄭氏一族。

陳永華不但親自巡視南北各地，鼓勵各地諸藩勤於開墾，並促進製糖業之發展，協助鄭氏王朝取得外匯；同時教導人民製窯煉瓦，在海濱興築鹽田，曝曬海水取鹽，增加政府的稅收。在理番方面，則於平地與番界之間設置柵欄，藉以消弭族群間的紛爭，此外並禁止人民賭博，開伐山林中的木材與竹材，興建官衙及住宅。

至於個人的生活狀況，鄭經瞭解其家境貧困，遂贈送船隻給他經商營生，沒想到他卻將利潤廣分大眾，還把自己開墾所得的數千石穀子平均分配給親族與貧民。

在台灣的經濟基礎稍微穩固之後，他遂向鄭經提議，應興築孔聖廟宇，創辦學校。剛開始，鄭經以「荒服新創，地狹民寡，公且待之」爲由，試圖拒絕陳永華的建議，然而他卻義正辭嚴地提出反駁。

昔成湯以百里而王，文王以七十里而興。國家之治，豈必廣土衆民？唯在國君之用人求賢，以相佐理爾。今臺灣沃野千里，遠濱海外，人民數十萬，其俗素醇，若得賢才而理之，則十年生聚、十年教養，三十年之後，足與中原抗衡。又何慮其狹小哉？夫逸居無教，則近於禽獸。今幸民食稍足，寓兵待時，自當速行教化，以造人才，庶國有賢士，邦以永寧，而世運日昌矣。

鄭經聞此錚錚之言，不禁爲之大喜，遂命其盡早實行。一六六六年（永曆二十年；康熙五年）正月，於承天府卑仔埔（後來的寧南坊）完成孔子廟及明倫堂。不久後，科舉制度亦接著建立，台灣的學問傳承於焉展開。

陳永華之死

在鄭成功退守台灣之後，清帝國祭出了著名的「遷界令」。亦即山東、江蘇、浙江、福建及廣東五省的沿海居民都被迫向內陸遷徙三十華里，並佈下極爲嚴密的警戒線，藉以阻絕鄭軍陣營的任何補給；同時避免來自鄭軍的攻擊，可說是一種極端的大陸封鎖令。當時因而失去生計、流離失所的沿海住民，其生活之悲慘，簡直非筆墨所能形容。台灣因此陷入物資匱乏的窘境，其中尤以編織品的價格飆漲最爲嚴重。鄭經便接受陳永華的建議，派遣一支部隊前往廈門，冒險與當地的海盜進行交易，好不容易才度過了這場難關。

在兩岸陷入對峙的膠著狀態時，大陸上爆發了三藩之亂（一六七三～八一年）。在耿精忠的要求下，鄭經決定派兵進軍大陸，無奈不久後戰亂稍平，鄭經被迫退回台灣島。當馮錫範、劉國軒等一班武將返回台灣時，才發覺陳永華已經掌握了政、軍大權。兩人在不平之下，遂起了陰謀之心，企圖將大權再度奪回鄭經手上。最後，陳永華在病榻上鬱鬱而終，時爲一六八〇年（永曆卅四年；康熙十九年）。

鄭氏的末日

翌年，由於長年的淫亂生活所引發的痔瘡腫脹阻塞了大腸，鄭經終於以三十二歲的英年早逝。

鄭經死後，由其子克壓繼承，他是陳永華的女婿。克壓事事謹從岳父的教訓，英明果斷，適當地壓制諸房伯叔與兄長的氣焰，百姓無不歌頌其德政。然而不久，不幸卻降臨在他頭上，只因克壓是鄭經的養子。馮錫範爲了使自己的女婿鄭克塽（時年僅十二歲）扶正，故意提出嫡庶的問題，意圖逼克壓退位。而董國太亦爲彼等的奸言所惑，最後克壓終於慘死於其兄弟之手。而當時已懷有身孕的陳夫人，亦追隨其夫，以身相殉。

年幼無知的克塽即位後，政治大權遂落入岳父馮錫範之手，橫徵暴斂的結果，逼得民心思變。當清軍再度興兵準備進攻台灣時，鄭營諸將群集於澎湖島上，召開緊急備戰會議，意圖作一場殊死決戰。然而糧食與軍餉不足是鄭軍陣營的最大隱憂，當劉國軒向克塽提出這項問題時，馮錫範卻說道：「只要有土地就有財富！看來唯有加重稅賦，派出士兵到民間強制搜括，才能解決眼前的問題！」劉國軒聽了，爲之色變，答道：「如今，百姓的負擔已經夠重了！何況連年五穀不豐，米價高漲（據說米價一擔高達五、六兩銀），百姓生活已窮困到了極點！如果現在再加重負擔的話，民心恐將動搖，不待外侮，內部便已分崩離析！」沒想到馮錫範仍舊冥頑不靈地堅持：「軍隊的目的便是守護人民，因此供養軍隊本是百姓的天職。而今公帑空虛，各部門皆蕭條至極，倘若不增加百姓的稅賦，敢問軍費將從何而來？」一旁的克塽遲遲不敢下決定，只能焦急地看著兩人爭辯。

反觀清國內部，同樣出現兩派不同的聲音，閩浙總督姚啓聖主張和平招降，而水師提督施琅則堅持進攻剿滅，雙方往往爲此爭得面紅耳赤。最後施琅佔得上鋒，並於一六八三年（永曆卅七年；康熙廿二年）率兵攻打台灣，鄭氏王朝終於滅亡。

寧靖王

提到鄭氏王朝的覆亡，便不得不提明末的寧靖王，他同時也是五妃廟的傳奇主角。

寧靖王，本名朱術桂，字天球，別號一元子，係明太祖九世孫遼王的後裔。

寧靖王跟隨鄭經渡海來台之初，定居於西定坊，以鄭氏提供之歲祿（年金）度日。他發現台灣是一塊未開闢的處女地，土壤豐腴，於是便率衆來到萬年縣竹滬（今高雄縣大湖）一帶，開墾數十甲良田，收成頗豐。其元配羅氏卻於此時過世。

據說寧靖王容貌魁偉，同時以美髯及英眉聞名。其生性喜好文學，書法的力道蒼勁，承天府內許多廟宇的匾額皆出自其手，其中仍有不少流傳至今。

當施琅逐步完成進攻台灣的準備，寧靖王眼見島內疏於防備，不禁感到憂心忡忡。當鄭軍於澎湖島的戰役失利，且鄭克塽答應與清國議和的消息傳來台灣時，寧靖王即知自己的大限已到，遂招來五名妃妾(袁氏、王氏、秀姑、梅姐、荷姐)，告知自己將與她們永別之意。沒想到五名妃子竟然表明願與他同赴黃泉，於是寧靖王便差人購置六只棺木，再逐一將五名妃子縊死入殮。翌日，他將寧靖王的皇印交還給克塽，並設壇祭祀天地先祖，最後還設宴招待附近居民，將身邊的物品分發給他們做紀念，而後自縊而死。享年五十六歲，死後葬於大湖。

鄭氏的台灣開拓

綜觀鄭氏三代二十二年的台灣開拓，究竟留下了那些成績？

開發程度最深的，當屬承天府與安平鎮附近一帶，亦即以二十四里(文賢、仁和、永寧、新昌、仁德、依仁、崇德、長治、維新、嘉祥、仁壽、武定、廣儲、保大、新豐、歸仁、長興、永康、永豐、新化、永定、善化、感化、開化)為開墾建設中心，漸次向周邊擴大。至於北端的基隆與南端的恆春，則是用來流放人犯的謫地。

根據施琅於康熙七年的「盡陳所見疏」中的記載：

查自故明時，原住澎湖百姓有五六千人、原住臺灣者有二三萬人，俱係耕漁為生。

至順治十八年鄭成功新帶水陸僞官兵並眷口，共計三萬有奇，操戈爲伍者不滿二萬。又康熙三年間，鄭經復帶去僞官兵並眷口約有六七千，爲伍操戈者不過四千。

從以上的描述，可以大約得知當時台灣的人口。

若參考何喬遠的《閩書》，台灣被描述爲「乃東番之夷人，其起源不得而知，斷續連綿數千餘里，種族頗爲繁多，各自獨立成不同的番社，每社人口多則上千，少則五六百，天性勇猛而好鬥」。據說某年福建地區發生大飢荒，顏思齊、鄭芝龍等海盜藉機鼓勵移民，提供銀兩與耕牛，協助大陸移民來台開墾，是爲大陸移民之嚆矢。在《台海使槎錄》的〈赤崁筆談〉中所提到的「台灣的中國移民始於思齊」，指的應該就是這事。

此外，關於荷蘭時代的情形，《小腆紀年》有如下的記載：「兩千名荷蘭夷人盤據城中，數萬流民則散居城外，勤勉耕墾，雙方相處無所猜忌。台灣自開天闢地以來，土膏墳盈，地力肥沃，稻米年可三熟。台地之田園至爲豐美，漳泉移民來到此地，有如進到應有盡有的市場一般。」根據荷蘭人所留下的記錄，可知當時荷蘭籍的公私住民約爲六百人，駐守將兵人數兩千，漢人移民則多達兩萬五千家左右，與前者之記錄大致相符。

歷經荷蘭人與鄭氏王朝合計半世紀的開發之後，台灣的移民社會已有了雛形，然而與清代以後的狀況相比，僅達十分之二三。

〔參考文獻〕

江日昇《台灣外記》；石原道博《鄭成功》；伊能嘉矩《台灣文化志》；連雅堂《台灣通史》，台灣總督府《台灣名所舊蹟誌》。

（刊於《台灣青年》五期，一九六〇年十二月二十日）

拓殖列傳(2)

吳　沙

漢人入墾前的宜蘭

在台灣各地，開發拓墾過程最爲人所熟知的，應該算是宜蘭地區。主要原因乃宜蘭在地形上自成一個封閉的區域，由外地進入宜蘭極爲不便，除了由三貂嶺經沿海一帶南下之外，別無他途。再加上宜蘭的開發期較晚，因此留下了許多值得信賴的文獻資料。

宜蘭(Gĭlăn)這個名稱確定於清光緒元年(一八七五年)，舊稱是噶瑪蘭(Katmálăn)。嘉慶十九年(一八一一年)間，噶瑪蘭首度被納入清帝國版圖，並設廳治管轄(有許多人懷疑這個說法，後文將詳細說明)，當時的地名稱爲蛤仔難，設廳之後才更名爲噶瑪蘭。

這個地區乃是位於台灣東北端的一個大平野，東臨太平洋，西、南、北三方則爲高聳的山嶺所環繞，形成一個不等邊三角形的平坦地帶。平原上有大小河川分歧奔流，除了三角形頂點附近的叭哩沙喃(Patlìsualăm)一帶較爲荒蕪之外，區內土地堪稱肥沃。

噶瑪蘭的名稱來自於原先定居於這塊平原上的平埔番(PiÑpouhuan，亦即一般俗稱的熟番)對自己部族的稱呼，當時佔據北台灣的西班牙人曾經將其記錄爲Kibanuran。

咸豐二年(一八五二年)所編纂的《噶瑪蘭廳志》中，曾經記載這塊處女地被發現與開拓的詳細經過。

明朝嘉靖末年(十六世紀下葉)，著名的海盜林道乾曾經暫時盤據在沿海的蘇澳(Sou'ó)一帶，無奈部下們因水土不服，許多人陸續染病倒地，林道乾只好倉皇離去。

十七世紀初期，西班牙人曾經佔據台灣北部一帶，當時有一艘西班牙船艦由柬埔寨出發，準備航向馬尼拉，結果船隻在航程中遇難，許多船員漂流到噶瑪蘭的海岸。沒想到屋漏偏逢連夜雨，好不容易拾回一條命的船員卻被岸上的生番所殺，死者多達五十名。西班牙人爲了報復，遂出兵攻打此地番社，縱火焚毀七個部落，屠殺了十二名番人。西班牙人將此沿海一帶命名爲San-Tacalina，並將蘇澳命名爲San-Lorenzo，將其視爲呂宋至台灣航道上的重要據點。

明末沈光文所著的《平台灣序》中則提到：「鷄籠城外無可行之路，亦無可停訪之港口。船隻必須等待風平浪靜之時，緊沿著海岸線前行，到達三朝社(源自西班牙人命名之San-Tiago，今稱為三貂)須花費一天時日，至蛤仔難則需時三日。」此外，在乾隆六年(一七四一年)所編纂的《台灣府志》中，則記載著：「山朝(三貂)山之南側，即爲蛤仔難三十六社之所在。其地為生番所據，人跡罕至。」

然而早在那時以前，即有漢人商旅前往交易。根據雍正二年(一七二四年)編纂的《諸羅縣志》記載，當時有少數漢人與番人懂得利用獨木舟渡河，在海岸附近進行零星的交易，儘管這種番地貿易的利潤可觀，但是風險極高，可說是冒著生命危險的豪賭。

到了乾隆卅三年(一七六八年)，始有漢人林漢生率眾入墾。然而當地生番卻頑強抵抗，許多漢人移民慘遭殺戮。其後陸續有人仿效林漢生，試圖進入蛤仔難地區拓荒，同樣都落得失敗的下場。

勇敢的開墾先鋒——吳沙

吳沙受到前人入蘭開墾的激勵，勇敢地踏入後山禁地，最後終於成功打開蛤仔難的大門。

吳沙乃漳浦人，渡海來台之初，原本定居於基隆，靠替人打工維生。然而自少即胸懷大志的吳沙卻不滿足這種生活，後來他等到一個機會，一個人踏上旅程，經由深澳(Chim'ò)、澳底(Òtué)，前往三貂一帶的番社，與當地番人進行交易，並且很快地取得番族的信賴。藉由與番人往來的機會，吳沙終得以深入踏查蛤仔難的實情。

在仔細觀察蛤仔難的地形之後，他發現這是一片極為開闊的平原，其間縱橫交錯著好幾條湍急的河川，說它是天賜的沃原亦不為過。然而當地番人卻不懂得開發這片肥沃的土地，多散居於密林深處或水邊，過著打魚獵鹿的原始生活。對他們而言，耕作極為陌生，但看在吳沙眼中，簡直就是暴殄天物。

此時吳沙腦海中已經浮現一幅入墾蛤仔難的偉大藍圖，對番人的交易於是更加殷勤，同時積極建立個人的信用；另一方面，他對外擴大招募漳、泉、客各籍流民，發給每人一斗米、一把斧頭，鼓勵他們越界進入蛤仔難，除了伐柴採藤之外，同時沿途興築道路，基於對吳沙個人的信賴，番人對這些舉動並未十分在意。

吳沙有意入墾蛤仔難的消息越傳越遠，風聞而來的羅漢腳與流民也越來越多，逐漸形成一股不可小覷的地方勢力。淡水同知唯恐吳沙的勢力繼續坐大，於是下令禁止吳沙任意進出番界，倘有不從，將依法嚴辦云云。

乾隆五一年(一七八六年)，林爽文之亂爆發。不久，風潮迅速蔓延至全島各地，北部的民心亦開始動搖。當時的淡水同知徐夢麟擔心叛軍入侵蛤仔難，藉地滋養生息，於是主動要求吳沙負責協助蛤仔難的邊防，並以進出番界的開墾權作為交換條件。甚至徐夢麟本人亦曾率領熟番，進入蛤仔難實地巡視。

官方這種半帶鼓勵的態度給了吳沙莫大的勇氣。嘉慶元年(一七九六年)舊曆九月十六日，吳沙與番割(番人通事)許天送、朱合、洪掌等人討論，決定再度廣招漳、泉、客三籍流民，合計率領鄉勇兩百餘人，通譯二十三名，南下至蛤仔難北部的烏石港，並在南側的番界構築堡壘，名之爲頭圍。這次的入墾行動也受到淡水人柯有成、何績、趙隆盛等提供資金及糧食援助。漳州籍移民人數約在千人以上，泉州籍人數大爲減少，而客籍人數更僅有數十人。

吳沙這種大舉進出築城墾地的行動，終於引發番人的戒心，並展開強烈的抵抗。雙方歷經數日激戰，造成許多人員傷亡，甚至連吳沙的胞弟吳立也在戰鬥中殉難。

以下這則軼聞或可顯示當時戰況的激烈。在吳沙率衆入墾之初，許多移民因爲水土不服，紛紛病倒，人數高達數百人。此時，有一支居住於海岸附近，向來以驍勇善戰著稱的Toromian番人悄悄繞道烏石港後方，對無力反抗的病弱殘兵展開無情的殺戮。吳沙對此至爲憤怒，一直伺機報復。不久，吳沙得知Toromian社與鄰近的Sinahan社、Tamayan社極爲不和，便利用其間的矛盾，將Toromian人誘離番社，再選出三十名敢死隊，由其他兩社番人嚮導，奇襲無人防守的番社，並且縱火焚毀其住屋房舍。Toromian番發覺中計之後，急忙趕回應敵，孰知移民軍的主力早已整暇以待，慘遭斬殺的番人不計其數。

暫時撤退，取得番人諒解

眼見番人寧死不屈的反抗行動，通曉番情且廣受番人尊敬的許天送遂向吳沙獻上一計，建議吳沙先暫時撤離蛤仔難。後來吳沙終於痛下決心，接受許天送的意見，放棄頭圍的堡壘，率衆退回三貂。同時還派遣使者前往番地傳言：

吾輩奉官命而來；以海寇將踞茲土，爲番人患，非有心貪而之土地也。且駐兵屯田，亦藉以保護而之性命爾。

番人生性樸直，聽了吳沙來使的說辭，雖然心中仍舊半信半疑，大多數人還是接受了這種說法。

不久，各地番社突然爆發天花病大流行，吳沙當然不會錯失這個天賜良機，乃趁機教導番人治病的處方，並贈其草藥。許多番人得以痊癒，吳沙也因此獲得番人的尊敬。職是之故，吳沙爾後得以在毫無抵抗的情況下順利進出蛤仔難地區。同時他也依照番人習俗，埋石立誓，表示自己的確是爲了防範海盜侵擾，才率衆來到此地，絕對沒有佔據土地之意，雙方也訂定和約。此乃嘉慶二年（一七九七年）之事。

此後，吳沙便嚴令禁止部下濫墾，希望安撫番人不安的情緒。淡水同知爲了獎賞其撫番有功，便將蛤仔難地區的一切管轄權限完全讓給吳沙。

繼承遺志的吳化

嘉慶三年（一七九八年），吳沙過世。其子吳光裔不肖，吳沙留下的開蘭事業遂由外甥吳化代理，並由吳養、劉貽先及蔡添福等人輔佐。後來，屯墾的土地面積越來越廣，移民也在各地興築防禦番侮的堡壘，由頭圍一帶出發，逐漸向南發展出二圍、三圍等聚落。不久，漢人移民再度與番人發生衝突，但雙方旋即於嘉慶四年(一七九九年)達成和解。

此時進入蛤仔難的漢人以漳州出身者居多，由頭圍至四圍的辛仔羅罕溪爲止，都是他們據有的土地範圍。而泉州人初期入蘭者尚不滿兩百人，所以只分到二圍一帶的少數菜園，每人平均得到一丈二尺見方的土地。人數最少的客家族群根本沒分到任何土地，連裝備與糧食都必須仰賴漳州人供應。

嘉慶四、五年間，客家人與泉州人發生衝突，泉州人的死傷頗爲慘重，許多人甚至興起棄地他遷的念頭。於是漳州人便出面慰留，甚至主動撥讓柴圍的三十九結，以及奇立丹的兩處土地，希望說服泉州人留下。當時平均每人分得的土地爲四分三釐。

吳化與吳養等人遂告誡轄下移民集團，暫時禁止對外的拓墾行動，因此與番人之間維持了一段時間的和平。到此爲止，可稱爲宜蘭開拓史的前期，主要是由吳沙及其後裔以總頭人(Cóngthǎulǎng)的身分統轄一切事務，同時也是溪北的開拓時期。

九旗首在溪南的開拓

嘉慶七年，湧進蛤仔難的漳州、泉州與客家籍移民越來越多。九旗首即指漳州籍的吳表、楊牛、林硈、簡東來、林膽、陳一理、陳孟蘭，泉州籍的劉鐘以及客籍的李先等人，合計率領一千八百十六名部衆，越過溪南，開闢五圍的土地。參與行動者每人分得五分六釐的土地，漳州人分得金包里、股員山仔、大三鬮的深溝地，泉州人則取得四鬮一、四鬮二、四鬮三與渡船頭地區。此外，他們還自行開闢溪洲一帶的土地。客家人則分得一結至九結的土地。

所謂結(Kat)與鬮(Khau)，都是土地分配的方式，後來才轉變爲地名的稱呼。當時入墾者多分屬不同團隊，接受少數「首」(Siú)的指揮，依照特定的規則，分配開墾所得的土地。

平埔番越山而來爭地

嘉慶九年(一八〇四年)，有一支新移民出現在蛤仔難平原上。來者是一群原本定居於西部的平埔番，包括岸裏(Gānlí)、阿里史(Alísái)、阿束(Asok)、東螺(Tanglě)、北投(Paktǎu)、大甲(Tâikaq)、吞霄(Thunsiau)、馬賽(Másài)等各社番衆千餘人，在岸裏社頭目Toanihan moke(漢名潘賢文)率領下，越過中央山脈而來，最遠甚至抵達五圍，與當地的漢人移民集團發生激烈衝突。由於阿里史社番生性勇猛善戰，而且擁有數量龐大的獵槍，因此五圍的漳州人決定避免與其正面交鋒。果不其然，不久後阿里史番出現糧食不足的困境，漳州人遂提供所需的食糧，與其進行物物交易，試圖藉此削弱其實力。由於表面上雙方暫時和解，因此阿里史社番不覺有他，輕易地把獵槍用來交換糧食與日用雜貨。沒多久，番人手中的槍支幾乎處分殆盡，阿里史社番的勢力也就此瓦解，此時後悔也來不及了。

嘉慶十一年（一八〇六年），台灣西部爆發大規模的漳泉械鬥，不少落敗的泉州人逃到蛤仔難來。由於蛤仔難的泉州人向來即對仗勢欺人的漳州人心存不滿，因此對於前來投靠的同鄉至表歡迎，並藉機掀起反抗風潮。其他的阿里史諸番、客家人與當地番人，皆與泉州人連成一氣，共同挑戰漳州人集團，結果卻不幸失敗了。在此役之後，泉州人原本取得的土地盡數爲漳州人所沒收，僅剩下溪洲一帶的少數土地。

這場規模龐大的械鬥持續了將近一年才逐漸平息。之後阿里史諸社便越過濁水溪，向南方發展，自行開發羅東一帶。此一行動仍由潘賢文領導。

嘉慶十四年，漳泉兩派紛爭再起。漳州籍的林標、黃添、李觀興等人分別率領壯丁數百名，由吳全、李佑擔任先鋒，趁夜由叭哩沙喃繞到羅東的後側，出奇不意地發動攻勢。阿里史番在毫無防備下被打得潰不成軍，連忙逃回番社避難。漳州人遂一舉奪下羅東。

雙方再度遣使議和，由溪洲沿著海岸線到大湖一帶，成爲泉州人開墾的範圍；而客家人則取得東勢至冬瓜山一帶的土地開墾權。

細究當時的移民人數，漳州籍約佔四萬二千五百人，泉州籍約有兩百五十人，客籍則僅有一百四十人。漳州人仗著人多勢衆，經常欺凌少數的泉州與客家族群，彼此間的磨擦紛爭從未間斷。

嘉慶十二年（一八〇七年），楊廷理（後來成為噶瑪蘭通判）曾經搭乘番人的獨木舟到溪洲一帶觀察，留有如下的記載：「漳州人只敢立於溪的北岸遙望，而泉州人則嚴守溪南的界線，誰也不敢擅越溪流一步。」從而，當局向來只將此地視爲化外之地，從未考慮將其納入行政管轄區域。

蛤仔難納入行政版圖

在蛤仔難爆發大規模的漳泉械鬥之前，亦即嘉慶十一年（一八〇六年）春天，鼎鼎大名的海盜蔡牽由烏石港登陸，企圖據地爲王。吳化即力邀五圍之首陳奠邦出面，共同招募鄉勇，將蔡牽的勢力擊退。嘉慶十二年夏天，海盜朱濆滿載整船農具由蘇澳上岸，試圖將其地據爲大本營。陳奠邦遂向台灣知府楊廷理告急，楊廷理亦緊急下令南澳鎮總兵王得祿出兵，由海陸兩路趕往蘇澳赴援。

嘉慶十五年，閩浙總督方維甸來台。當他巡視至艋舺時，蛤仔難住民遂推出代表向其提出戶口清册，要求將蛤仔難納入版圖範圍。方維甸受到民衆的請託後，果眞向清國政府提出「奏請噶瑪蘭收入版圖狀」，同時還命令楊廷理進行準備作業。嘉慶十七年，清國終於下令設置噶瑪蘭廳。

從噶瑪蘭的開拓過程中，我們可以淸楚感受到祖先開拓台灣的困難，以及他們旺盛的拓荒精神。而且當時漳、泉、客等漢系移民間的新仇舊恨，也在長久的歲月中被淘洗鍾鍊，融合成爲今日的台灣民族。至於原本定居於台灣的番人，在這場弱肉強食的生存競爭中，始終淪爲失敗者的角色，確實令人感到遺憾。但是彼此間文化水準的巨大落差，也是造成這種必然結果的主因。

〔參考書目〕

陳淑均《噶瑪蘭廳志》（大正十一年出版，精裝本），伊能嘉矩《台灣文化志》，《大日本地名辭書續編台灣》，連雅堂《台灣通史》。

（刊於《台灣青年》七期，一九六一年四月二十日）

拓殖列傳(3)

沈葆楨

從限制屯墾到開山撫番

綜觀台灣的開發過程，可以大致區分爲「限制屯墾期」與「開山撫番期」。

鄭氏王朝滅亡後，清帝國順利取得台灣的統治權，但是對台灣的經營卻至爲消極，不僅禁止原有的住民跨越行政界線向外發展與開墾，甚至還嚴格限制新移民進入。這便是所謂的限制屯墾時期。

儘管如此，充滿旺盛冒險精神的我們的祖先，仍舊不懼險惡的風土疾病，頻與兇猛的番人奮戰，不停地向南北兩側挺進，正如水往低處奔流一般，爲後世子孫開拓出一片新天地。

到了康熙末年（十八世紀中葉），台灣西海岸一帶幾已開發殆盡，移民們的目標開始轉向東岸。在藍鼎元的《平台紀略》中曾有如下的記載：

前此台灣府治範圍，僅及百餘里，因當時鳳山、諸羅皆爲毒瘴叢生之地，即其邑令亦不敢至，今南盡瑯璠（恆春地方），北極淡水、基隆。凡千五百里之人民，莫不趨之若騖，蓋前因番人嗜殺之故，舉凡大山之麓，移民皆不敢近，今則可結隊成群深入山地，與番人雜處共耕，雖時有被殺之虞，但亦不存畏懼之心，甚至傀儡山（台灣南部中央山地之稱）及台灣山後之蛤仔難（宜蘭地方），崇爻（花蓮港地方），卑南覓（台東南部）等社，漢人亦敢至其地與其交易，因之漢人在該地生聚日繁，推進日廣，雖懸厲禁，亦不能止。

先人開墾的血汗足跡

台灣東海岸一帶，直到沈葆楨積極推動「開山撫番」政策之後，才有較大規模的開發行動。根據藍鼎元的記載，其具體情況大致如下：

台東地區　一六九三年（康熙三十二年），陳文、林侃等人的船舶遭遇風難，漂流到此地，在此生活數年之後，陳、林等人學會了當地的番語，同時熟悉附近的港灣形勢，不久遂伺機離開該地。

一七二二年（康熙六十一年），朱一貴的餘黨竄逃到卑南一帶，千總鄭維嵩亦驅兵追趕，循海路來到此地，同時招撫當地的頭目（thâubák），得到番人們協助鎮壓匪徒。無奈當時這裏的外來者多水土不服，無法在此落地生根。

後來一直到了咸豐年間（十九世紀初葉），才有鳳山縣人鄭尙來到卑南，除與番人進行交易之外，還教導番人耕種技術，大大提昇土地的生產力。從此，其地與西部的往來日漸頻繁。

花蓮港地區　其地位居台東以北，舊稱荖萊。一六九四年(康熙三十三年)，鷄籠人賴科等七人越過中央山脈的重重峻嶺，長程跋涉來到此地探勘。之後，每年皆派遣貿易船至此，與番人們進行交易。

一八五一年(咸豐元年)，黃阿鳳率領萬餘人由噶瑪蘭出發至此，進行大規模的墾殖。無奈數月之後，黃阿鳳因病過世，其部屬心生動搖；數年後，由於資金缺乏，再加上附近番人頻頻抵抗，雙方衝突激烈，最後衆人棄地倉皇而逃。

埔里地區　埔里雖然不屬於東海岸的範圍，然而開發腳步卻十分緩慢。

一八一五年(嘉慶十年)，水沙連(Cúisualiān，日月潭附近)的隘丁黃林旺與嘉義縣人陳大用、彰化縣人郭百年約合，相偕進入埔里社番地一帶開墾。黃林旺等人善用詭計，殺害許多當地番人，並且侵占其土地，共計興築了十三座土堡，以及一座木城。翌年，台灣鎮道發現此事，遂命其速速撤去，並立下禁止越界的石碑，嚴格取締漢人越境開墾。

咸豐年間，又有泉州人鄭勒先率領部衆入此開墾，並且企圖與番人進行交易，但番人疑其有詐，遲遲不願應允。鄭勒先爲了表明自己的誠意，遂改番名爲Baieku，同時事事遵行番俗，積極爭取番人的信任，最後終於得到對方信賴，此地的開發亦由此漸漸打下基礎。

列強覬覦的「化外之地」

當大清帝國採行消極政策，試圖壓抑台灣人旺盛的拓荒精神時，正處於帝國主義發展高潮的列強卻早已悄悄對這座島嶼發生興趣了。

一八六八年（同治七年），英國人Horn來台，向在淡水經營國際貿易的德國人James Milisch籌借資金，召集數名歐洲人以及為數眾多的噶瑪蘭平埔族人，組成一支浩浩蕩蕩的探險隊，入墾蘇澳與花蓮之間的大南澳地區。他們開墾的範圍漸次擴大，為了防禦番侮，彼等勤於設置隘線，處處興築堡壘。

清國官員認為此舉有違番地禁墾令，遂嚴命停止。然而Horn等人認為後山（東海岸）非屬清國版圖，拒絕接受這項命令。清國當局在無可奈何之下，只好直接向英國政府提出抗議，好不容易才迫其撤離該地。

然而早在Horn率眾入墾大南澳之前，已有許多外籍軍艦來到台灣南部，悄悄地進行勘查與測量工作。

一八六〇年（咸豐十年），德籍軍艦Elbe號企圖由南部海岸登陸，與當地的生番發生戰鬥。一八六六年（同治五年）與一八六七年，英國籍的Doob號與Sylvia號軍艦分別駛近鵝鑾鼻一帶，秘密進行測量作業，然因受到當地生番攻擊，最後不得不匆匆撤退。這些零星的衝突大多無疾而終，並未演變成國際間的外交事件。然而一八六七年(同治六年)三月九日，美籍商船Rover號原本預定由汕頭往北駛向牛莊，不意卻在途中遭遇颱風，漂流到鵝鑾鼻附近海岸，沒想到當地的Koaru社番卻將船長及一干船員殺害，美國政府因此提出嚴重抗議。閩浙總督嚴桂對美國的抗議頗不以爲然，反而表示「其地原屬生番之地，至今仍未歸屬中國版圖，豈有出兵究罪之理」。美國政府對這種答覆極爲不滿，內部甚至有人提出，爲求台島之永久安全，美國應出兵攻打沿岸番族，將其驅趕上山，並佔領沿岸土地，或扶植建立友好之同盟國家，由此可見美國政府當時強硬的態度。

一八七一年(同治十年；明治四年)十一月，有六十六名琉球宮古島的漁民漂流到恆春附近，其中五十四名爲排灣族番人所殺。日本政府隨即對此表示強烈抗議，然而總理衙門的態度卻一如往常，堅持「清國朝廷對於不服王化的台灣生番的行爲，沒有負責的必要」。於是日本政府便於一八七四年(同治十三年；明治七年)四月，任命西鄉從道擔任征台都督，率軍大舉討伐牡丹社番，這個事件在日清關係上影響頗鉅。

「請開台地後山舊禁疏」

經過這些列強的侵擾事件後，清國當局終於發覺，過去消極封閉的經營策略似乎有悖時代潮流，終於決定積極開發台灣，建立強有力的統治機構。這便是沈葆楨所推動的開山撫番政策。

沈葆楨乃福州府侯官人，其夫人爲鴉片戰爭中家喻戶曉的林則徐之女。沈葆楨因弭平太平天國及捻匪有功，於同治六年（一八六七年）得左宗棠推舉，受命出任總理船政大臣。當日本出兵討伐牡丹社番之際，沈葆楨以欽差大臣名銜渡台，坐鎭於台南，表面上爲辦理台灣海防事務，實則監視日本的軍事行動。

在這段期間，他不僅廢除不准進入番界的禁令，同時還大大獎勵移民進入番界開墾。而開山撫番的首要前提，便是興築連接東西海岸的橫貫道路。

一八七四年（同治十三年；明治七年）十二月五日，沈葆楨向朝廷提出「請開台地後山舊禁疏」，清楚闡明他心中的抱負。

全台後山除番社外無非曠土。邇者南北各路雖漸開通，而深谷荒埔，人跡罕至。有可耕之地，而無可耕之民，草木叢雜，瘴霧下垂，兇番得以潛伏狙擊。縱闢蹊徑，終爲畏途。久而不開，茅將塞之。日來招集墾戶，應者寥寥。蓋以台灣地廣人稀，山前一帶，雖經蕃息百有餘年，戶口尚未充裕，内地人民向來不准偷越。近雖文法稍弛，而開禁未有明文。地方官思設法招徠，每恐與例不合。今欲開山，不先招墾，則路雖通而仍塞。欲招墾，不先開禁，則民裹足而不前。

（中略）

又據台灣道夏獻綸詳稱，舊例：台灣鼓鑄鍋皿農具之人，須向地方官舉充，由藩司給照，通台祗二十七家，戶曰鑄戶，其鐵由內地漳州采買，私開私販者治罪，逦來海口通商鐵舫，載在進口稅則，昔杜內地之出，今自西洋而來，情形迥異，而不肖兵役人等，往向民間藉端訛索，該鑄戶恃官舉。任意把持，民甚苦之。又台灣竹竿，向因洋面不靖，恐大竹篷篾有關濟匪，因禁出口，以致民間竹竿經過口岸，均須稽查。不知海船蒲布皆可爲帆，無須用竹立之。厲禁徒爲兵役留一索詐之端，民間多一受害之事。應請無庸查禁等因。臣等思，當茲開闢後山，凡百以便民爲急，不得不因時變通。

一八七五年十一年八日，朝廷接受了沈葆楨的提議，於廈門、汕頭及香港三地分別設置招墾局，大規模招募渡台移民。移民所需的交通費用一概由政府提供，自登陸台灣之日起，到移民落腳的屯墾地點爲止，官方每日提供每人一百文銀，到達屯墾地之後的前六個月，官府供給每人每天八文銀及一升米，後六個月則繼續提供每日一升米的補助。

渡台移民每十名可獲配給農具四組，耕牛四頭，以及若干栽培用的種子。在土地方面，每人可分得水田一甲，以及荒地一甲。

在此般積極獎勵的移民政策之下，實際的成效卻遠遠不及預期。根據當時的記載可知：「政策推行之初，地方官吏都將招募屯墾視爲重要業務，只要有人提出申請，幾乎沒有不准的道理。但是這些報名者，大多是遊手好閒之徒，或是與承辦官員暗地串通，假意取得開墾權利，但實際從事拓墾者，僅有十之一二。其他人或將自身的權利轉售他人，或蓄意壟斷開墾權，而任由寶貴的土地荒廢，其弊害不可謂不大。」

儘管如此，不可否認地，台東地區的正式開發確實始於這個階段。

南、中、北路的開鑿

在大刀闊斧推動招墾事業之前，沈葆楨即已投入十九營（約一萬人）兵力，以及三萬餘元的經費，整整花費一年的時間，進行南、中、北路的橫貫道路開鑿作業。

一八七五年一月，南路海防兼理番同知袁聞柝率領軍隊，由鳳山縣內的雙溪口入山，開鑿由雙溪口抵達卑南的南路，全長四十公里。

福建福寧總兵吳光亮則率領士兵由嘉義縣的林杞埔(Lǐmkípou)出發，開鑿一條經八達嶺到東岸璞石閣(Pokciogkok)的中路，全長約一三〇公里。

福建陸路提督羅大春則由噶瑪蘭廳的蘇澳出發，率部開鑿一條長達一二〇公里的北路，直抵䓫萊與花蓮港，長約一二〇公里。

從沈葆楨所稟奏的「南北開山情形疏」中可以看出，這些開路工程極具危險性。

> 袁聞柝稱報。由崑崙坳至諸也葛社之間，雖然僅約數十里的距離，但是地勢異常險惡，崖壁懸吊頭頂，山谷深不見底，山背多為面北之坡地，陽光罕至，古木參天，蓊蓊

鬱鬱，再加上陰風怒號，開路的兵勇無不驚恐失色。

羅大春函稱，由大南澳至大濁水溪一帶，沿途充斥兇猛的番人，往來之行人往往遭其狙殺。因此由大南澳山腰再闢一路，直接通往旁新城，沿途不僅要避海濱懸崖之天險，同時還要阻絕凶番可能出沒之道路。…十一月十一、十三日，當兵勇正在挖鑿開路之際，不料有千餘名凶番竟分段埋伏於隱蔽處，放槍攻擊我軍。……當天士兵陣亡者四名，受傷者十八名。十五日，隊伍來到一崇山的山麓，士兵們正好處於峽谷地勢之中，正當我軍勉力投入開鑿作業時，沒想到四周槍聲大作，我軍儘管堅持抵抗，然凶番的人數卻越來越多。黃明厚、馮安國認爲，由此情勢判斷，凶番必然已傾巢而出，番社內勢必人力單薄，因此悄悄派遣一支敢死隊，繞道番人的後側，果然發現有數百間的草寮，且其中闃無人聲，只見每間草寮內皆藏有骷髏，或數十或數百不等，其臭氣令人難以忍受。好不容易等到夜風稍起，士兵們才縱火焚燒草寮，轉眼十餘間已爲火舌吞沒，此時番人們才察覺事態不對，作鳥獸般散去……

這三條道路的開鑿作業，確實是台灣史上規模空前的大工程，同時也是番界拓殖的先驅，在台灣文化史上值得大書特書一番。

偉大的功績

在開路期間，肇因於討伐牡丹社事件所引起的日清紛爭已圓滿落幕，日軍亦主動撤離台島，於是沈葆楨便前往瑯璠一帶視察，並提案建議將該地劃爲恆春縣。

該年歲末，沈葆楨爲處理有關船政急務，暫時返回福州，翌年（光緒元年）二月再度回台。此時他提出新設台北府的建議，同時命令南北路理番同知應駐紮於新闢番地，積極改革台灣的軍政。

此間，他還接受民間仕紳的要求，於台南府城興建「延平郡王祠」。七月，沈葆楨擢昇爲兩江總督，就此離開台灣。從以上種種可知，沈葆楨對於台灣的開發與基礎建設，確有不容抹滅的成績。

〔參考資料〕

伊能嘉矩《台灣志，卷一卷二》、《台灣文化志》、《大日本地名辭書續編》，連雅堂《台灣通史》。

（刊於《台灣青年》八期，一九六一年六月二十日）

拓殖列傳(4)

金廣福

寫在前面

本期我原本想要爲各位介紹「林成祖」，結果卻在資料蒐集過程中發現另一個更値得介紹的例子「金廣福」，因此筆者便擅作主張，決定變更這次的主題，若有不便之處，還請各位讀者鑒諒。

「拓殖列傳」至此將暫告一個段落，以下將進入「能吏列傳」系列。然而筆者相信，本文將帶大家重新俯瞰台灣拓殖概況，同時也緬懷先民血汗與淚水交織的開拓史。

台灣土地的開拓年代

在伊能嘉矩（一八六七～一九二五年）所著的《台灣文化志》（昭和三年，刀江書店）中卷三八三～三九〇頁中，列有一份「台灣土地開拓年代表」。這份年表是伊能氏參考許多文獻，並與實際訪談的結果對照，費盡心力所完成的嘔心瀝血之作，如今已成為研究台灣史者不可或缺的一部權威古典作品。

不過其中的行政區劃分大體上係採用清光緒十四年（一八八八年）當時的十縣三廳一州，其下的管轄區分別為～堡、～里、～澳，皆屬於清帝國時代的舊制，因此對現在的讀者而言，難免有摸不著頭緒的感覺。

下表即為新舊地名的簡單對照表。

	舊地名	現在的區域	開拓年代
淡水廳	大加蚋堡（Tuākalàqpó）	台北東郊，到南港一帶	康熙
	興直堡（Hingtìkpó）	台北市西部，淡水河中游西岸	康熙
	擺接堡（Páiciqpó）	板橋東部，與拳山堡相鄰	雍正
	芝蘭堡（Cilǎnpó）	淡水河流域東岸（不包括金包里一帶）	清國時代之前
	八里坌堡（Patlíhunpó）	淡水河下游南岸一帶	清國時代之前
	桃澗堡（Thǒkànpó）	桃園南北部	清國時代之前
	拳山堡（Kǔnsanpó）	通稱文山堡，台北市東南部、新店	雍正
	海山堡（Háisanpó）	鶯歌東南部	乾隆

舊地名固然有其歷史淵源，以及引人入勝的鄉野傳說，但在通用上卻有其不便之處，因此筆者嘗試以自己的方式，將其簡化列表如下。

基隆一帶	清國時代之前
汐止、三貂	乾隆
淡水河下游	清國時代之前
台北市中心地帶	康熙
新店	雍正
鶯歌	乾隆
宜蘭地區	嘉慶
新竹、苗栗	康熙
竹南	乾隆
新竹東部	雍正
大安溪下游	清國時代之前
大甲溪下游	清國時代之前
豐原	康熙
台中、清水	雍正
梧棲	康熙
霧峰	康熙

地區	時期
彰化、鹿港	清國時代之前
大肚溪下游	康熙
田中	康熙
濁水溪中游	康熙
濁水溪下游	雍正
埔里	咸豐
日月潭	道光
集集	乾隆
斗六、斗南	清國時代之前
西螺	雍正
民雄、小梅	清國時代之前
嘉義、新營	清國時代之前
竹頭崎	康熙
北港	康熙
台南一帶	清國時代之前
玉井東部	康熙

楠梓仙溪上游	乾隆
屏東、潮州	康熙
東港、枋寮	清國時代之前
恆春部分地區	清國時代之前
鵝鑾鼻	同治
台東、花蓮港	道光
台東平原	光緒
澎湖三島	清國時代之前
吉貝嶼	乾隆

以上僅是十分粗略的記述，如果讀者們有興趣進一步瞭解自身故鄉開拓的沿革，筆者十分樂意代勞，尋找相關資料。

台灣地名緣起

伊能嘉矩所編纂的《大日本地名辭書續編，第三台灣》中，記載許多有趣的「地名起源事例」。從這些例子當中，我們可以發覺先民們對於台灣這塊土地的第一印象及情感。

1. 根據自然地形或位置命名者

崎頂(Kiātíng)、東勢(Tangsì)、林仔邊(Nǎ'ápiN)、溪洲(Khueciu)、沙崙(Sualǔn)。

2.形容特殊的自然地勢者

圓山(JǐNsuaN)、鹽水溪(Kiǎmcúikhue)、鷄心嶼(Kuesimsū，今之火燒島)。

3.根據特殊的天然產物命名者

楠仔坑(Lǎm'ákhiN)、鹿滿山(Lȯkmuásuan)、鹽埕(JǎmtiǎN)。

4.根據著名的風景名勝或建築物命名者

觀音山(KuanjimsuaN)、石門(Ciȯqmn̆g)、柴城(ChǎsiǎN)。

5.根據歷史沿革或傳說命名者

紅毛城鄉(Ǎngmn̆gsiǎNhiuN)、林鳳營(Lǐmhōngjiǎn)。

6.根據拓殖或建置之初的狀態命名者

三張犁(SaNtiuNlě，以五甲為一張犁)、新店(Sintiàm)、社口(Siākháu，社指番社)。

7.拓殖或建置當時，爲求好兆頭所取的地名

彰化(Cionghuà，顯彰皇化)、恆春(Hīngchun)、仁德(Rǐntik)。

8.移民們爲紀念其原籍所取的地名

潮州(Tiŏciu)、大肚(Tuātōu，平埔族的一支)、芝山岩(CisuaNgǎm，意指漳州的芝山)。

9.因歷史事件而改名者

嘉義(Kagī，原名為諸羅)、舊港(Kūkáng，原名為竹塹港)。

征服險惡的自然環境

一八八二年左右，著名的博物學家Guillemard, F. H. H.搭乘英籍軍艦Marchesa號從東海岸登陸台灣，他只留下這麼一句感想：「福爾摩沙是個不適人居的美麗島嶼。」便匆匆逃離。而今在世人心目中，台灣卻是風光明媚、氣候溫和的美麗之島，這完全拜台灣先民之賜，若非他們旺盛的拓荒精神，台灣至今恐怕仍是蠻荒瘴癘之地。

大家都知道鄭成功來到台灣之後，不到半年光陰，才三十九歲便因病過世，但卻鮮有人瞭解他的死因竟是急性瘧疾。這種惡性傳染病可說是當時台灣最棘手的風土疾病，也難怪在鄭成功決定退守台灣時，其部屬一直躊躇不敢隨行。事實上，早在嘉靖四十二年(一五六三年)時，海盜林道乾便曾經從蘇澳登陸，孰料在短短幾個月間，部下竟然染病，暴斃過半，鼎鼎大名的海上大盜也不得不倉皇逃逸。顏思齊也是在前往嘉義一帶打獵後，因病死於回程的路上。

康熙七年(一六六八年)，在施琅稟奏朝廷的報告中曾提及：「原定居於台灣的人數約兩三萬人，然而近幾年來，因爲水土不服病故或傷亡者，則高達五六千人。」如果這份報告屬實的話，當時台灣移民的死亡率竟然高達二〇～二五%。康熙三十六年(一六九七年)，郁永河計劃由台南北上，前往草山(陽明山)一帶開採硫磺，其舊識台灣知府靳治楊(Kìntījōng)與海防同知齊體物(Cěthébu̍t)得知此事後，忙加勸阻道：「難道閣下未曾聽聞鷄籠、淡水一帶，水土極爲險惡嗎？外人只要到此，非病即死。雜役只要聽到將派赴鷄籠、淡水，無不唏噓悲嘆，彷彿將遣使絕境一般。水師每逢春秋更戍(交替)之際，得以由此地生還者，莫不嘖嘖稱幸。這些年輕力壯的士兵況且如此，更別提閣下了。」郁永河後來還是堅持原定計劃，果不其然，原本同行的五十五人中，竟有二十餘名病倒。此外，山區地帶的甲狀腺腫大，以及澎湖的砂塵所引發的眼疾，都是甚爲常見的疾病。台灣的飲水問題也頗爲嚴重。在片岡巖所著的《台灣風俗誌》(大正十年，台灣日日新報社)中有一篇〈台灣人的善良風俗〉，曾舉出四項台灣人的飲食習慣—「不喝冷水」、「不吃生食」、「甘於粗茶淡飯」及「不喝酒」。其實這些都是先民們從生活中所累積得來的智慧。書中對「不喝冷水」這一項有如下的解釋：「台灣人認爲喝冷水，也就是喝生水的話，會導致腹痛，因此一般台灣人多不喝生水。這是因爲古早時代，移民屯墾地附近多爲鹹水，淡水的來源有限，且淡水多爲溪穴蓄積的死水或濁水，生飲往往招致腹痛的下場。因此台灣人乃養成煮沸生水，待其沉澱後再飲用的習慣，如今則成爲台灣人的良好風俗。」

毒蛇也是令人不可小覷的危害。毒蛇的種類有龜殼花(Kukhakhue)、飯匙倩(Pn̄gsí-chìng)、青竹絲(ChiNtiksi)、簸箕甲(Puàqkikaq，百步蛇?)等四種，從下面類舉的俗諺中，可以看出先民們對於毒蛇的敬畏。

Kóng cuǎ ciū cuaq(講蛇就泏。一提到蛇就渾身發抖)

Chùi kaq nà ChiNtiksi(嘴恰那青竹絲。形容人的嘴巴比青竹絲還毒)

Sí cuǎ, ciàq kaq Puàkikaq(死蛇，食到簸箕甲。形容人連猛毒的百步蛇死骸也敢吃)

人口與開拓田園的增加

以下將探究移民的人口數與新墾田園的增加情況。

荷蘭時代，根據《小腆紀年》記載，荷蘭駐軍及官民合計約二千名，漢人移民則爲數萬人。參閱荷蘭人本身的記錄得知，官民合計約六百人，駐軍人數約二千人。

到了清國統治時期，有關移民人數或人口自然增加數的可靠資料至爲缺乏。台灣最早施行戶口編查，係在康熙三十年(一六九一年)，康熙五十二年起，清國政府開始根據移民的戶數，對台灣移墾者徵收定額的租稅，其主要依據乃康熙五十年(一七一一年)所查定的丁口數：戶數一萬二千七百二十七戶，人口數一萬八千八百二十七人，之後的人口增加部分則爲當局所忽略。由於當時清國對台灣新移民採取極爲嚴格的管制措施，加以既有住民中，女性人數甚少，因此人口增加之緩慢程度可想而知。

乾隆五十二年(一七六〇年)，台灣的移民限制逐漸放寬，移民者被允許攜帶家眷同行，

此後即進入人口的暴增期。嘉慶十六年（一八一一年），官方利用保甲制度著手進行台灣土著流寓調查，全台戶數爲二十四萬一千二百一十七戶，人口數爲二百萬三千八百六十一人（不包括番人）。其後又有光緒二十一年（一八九五年）的調查，全台戶數爲五十萬七千五百零五戶，人口數爲二百五十四萬五千七百三十一人。

此外，根據方志所載的開墾土地數量，可得出下列結果。

康熙二十二年（一六八三年）	合計	一八四五三・八六四甲
	水田	七五三四・五七七三甲
	旱地	一〇九一九・二八六七甲
康熙四十九年（一七一〇年）	合計	三〇一〇九・七〇九甲
	水田	九一六一・七三五三甲
	旱地	二〇九四七・九七三六甲
雍正十三年（一七三五年）	合計	五二八六二・四七七八甲
	水田	一四七七四・〇一九七甲
	旱地	三八〇八八・四五八一甲
乾隆九年（一七四四年）	合計	五三一八四・九六甲
	水田	一四八七四・八一甲

旱地　三八三一〇・一五　甲

這些僅爲曾向政府登記者，由於移民們唯恐遭受官府的橫徵暴斂，因此實際開墾的田園數量應倍於此數無疑。

新竹的早期拓墾

古名竹塹(Tikcām)的新竹地區，開發的歷史較早，可回溯至鄭式王朝時代。然因早期移民尚無力與番人相抗，加以鄭氏統治時間極短，因此正式的開發遲至康熙五十年代(亦有人說四十一年)才展開，以泉州人王世傑率衆入墾爲其肇始。

雍正元年(一七二三年)，淡水廳由諸羅縣分離出來，獨立設治，其廳治所在地即爲竹塹，可見當時新竹一帶的發展情況。

爾後，歷經乾隆、嘉慶年間，竹塹地區的開發不斷推進，其西南疆已推至三灣、南庄，東北則達到樹杞林(Chiūkilĩm)及新埔。至於東南方的北埔、月眉(Gēqbāi)一帶，則因賽夏族及泰雅族生番頻繁出沒，移民怯於入內拓墾。此外，番人的勢力甚至壓迫至西南海岸的香山(Hiongsan)及鹽水港一帶，對竹塹的安危亦有不小壓力。

道光四年(一七九九年)，青草湖(ChiNcháu'ŏu)的墾戶陳晃、楊武生、倪甘、陳晏、林仕几及吳興等人曾留下「吾輩奉憲諭入此地開墾，設置隘寮(後文詳述)，以防生番侵擾，致力於田園墾殖，就地取糧，無奈所收成五穀，尚不足供應隘丁食糧，再加上生番頻頻來襲，頗難把守」的記錄，可見當時的窘境。道光六年(一八〇一年)，包括巡檢在內的七名官民竟然在竹塹城南門外遭番人狙殺。

台灣版的「東印度公司」——金廣福

道光六年，淡水同知李愼彝在竹塹城東南側的丘陵，亦即石碎崙(Cioqchùilũn)一帶，設置大型隘線，成功地防阻番人侵擾。

繼任的淡水同知李嗣業並不以此爲滿足，他更積極地推動番地拓墾事業，將開發番境之實際業務委交由竹塹地區的實力者——客籍的姜秀鑾與閩籍的周邦正兩人執行。

官方所提出的條件是，將石碎崙一帶的官設隘線讓售，每和隘費以四百石計算，此外官府尙需提供創業補助費用一千兩，至於新闢土地的營收、行政權及警察權等，一概交由墾主代爲管理。

當屯墾條件敲定後，姜、周二人旋即向粵閩兩籍移民募款，所得合計爲一二六〇〇兩，以此作爲二十四股資本，設立合資拓殖企業「金廣福」(Kimkónghok)。其中，「金」指提供保護及補助的官方，而「廣」則指粵籍客家移民，「福」則指閩籍移民。從此一合資企業的性質來看，與十六、十七世紀荷蘭的東印度公司似有異曲同工之妙。台灣史上曾經出現此種拓墾組織，說來的確値得各位讀者謹記在心。

金廣福的業績

道光十三年（一八三三年），金廣福於竹塹城東南郊的圓山仔、金山面、大崎、雙坑、茄苳湖、石碎崙、南隘及鹽水港一帶設置了馬蹄形的漫長隘線，藉此鞏固後方基地的安全，並以此作爲開墾事業的起點。

道光十四年，金廣福以樹杞林爲前進基地，朝西南方推進，入墾北埔地區，並驅逐盤據該地的番人。拓墾途中，以蔴芝樹排一役最爲慘烈，隘丁戰死者達四十人，甚至溪水亦爲鮮血染紅。然而移民軍團的屯墾腳步並未因此停下，仍繼續朝西南方向前進，經南埔庄、中興庄，直達月眉。

其間，設置隘線達四十餘處，佈署隘丁二百名，沿途翻山越嶺，涉水渡溪，移民兵團所到之處即紮營墾地，設置隘寮，配署壯丁防守，亦即所謂的鑽孔戰術。

在移民軍團堅實穩固的進逼腳步下，連驍勇的番人亦難以抵擋，不得不棄守竇斗仁及北埔的防守線，退入後方的深山裏。

於此進入第二期的前進移動，金廣福繼而採取橫向擴張的戰術，對番人進行面的包圍，逼使其全面撤退，躲入深山中。到了咸豐、同治年間，金廣福已將五指山(NgóusisuaN)一帶約五十～六十庄納入管轄範圍，此處統稱為南興庄(Lǎmhingcng)。

與番人的戰鬥

最後對移民拓墾番地的戰術做一個簡要的介紹。

簡單地說，移民採取的戰術與蔣介石包圍毛澤東瑞金基地的方式相同，亦即先行設置「隘線」(ÀisuàN)，然後再將隘線逐步向前推進。鄭氏王朝時代將隘線稱為「土牛」(Thǒugū)或「紅線」(ÀngsuàN)，這是因為以土塊堆積而成的堡壘，外形酷似水牛之故，而紅磚砌成的壁壘，遠觀則像一條紅色的界線。進入清國統治時代以後，移民們開始構築土圍、木柵、竹牆或石壘，並且懂得挖掘塹壕，甚至有人開始修築槍堡(槍櫃，chìngkūi)。這些拓墾工程的遺跡，至今仍多留存於各地的地名中，例如土牛庄(Thǒugǔcng)、土城庄(ThǒusiǎNcng)、內柵庄(Lāisacng)、木柵庄(Bàksacng)、槍櫃庄(Chìngkūicng)、隘寮庄(Àiliǎucng)、八堵(Pue-qtóu，「堵」指土牆)等。日本時代亦沿襲同樣的戰術，由隘線至前方一百公尺左右的範圍，清除所有視線內的障礙物，並於重要據點設置高壓電線。在最需要警戒的地區，每八公里設置一個監督所，下設十二處分所，廿四處隘寮。各隘寮內配署二～四名隘丁(Àiting，或稱隘勇，Àijióng)。

在台灣，原居於平地的平埔番(PǐNpouhuan)漢化速度較快，然而棲身於山中的生番則性格勇猛難馴，在漢人移民台島的三百年間，從未停止過抵抗行動。

從鄭成功入台後不久即發生的大肚番(Tuātōuhuan)阿德狗讓衝突事件，到昭和五年爆發的霧社事件爲止，番族發動的大小激鬥，可說不勝枚舉。

而遭到番人俘虜者，幾乎沒有生還的機會。根據馬偕博士的實際見聞，當生番擄獲敵人時，不僅砍其首級，同時還挖出心臟啖食，切下人肉成長條狀，將人骨煮爛爲醬泥，是爲無上珍品，同時也是番人眼中寶貴的瘧疾特效藥。

相反地，當生番成爲移民們的俘虜時，往往頭顱立遭砍下，並且插在長竹竿上，作爲殺鷄儆猴的戰利品。屍體則被寸斷，當成食物或佐藥。這是因爲移民們相信，藉此得以逃過生番的殺害，並且可變得如同生番一般地強健。（松島剛・佐藤宏共著：《台灣事情》，明治三十年，頁一五五～一五六）

〔參考資料〕

伊能嘉矩《台灣志》卷一卷二（明治三十五年，文學社），季刊《民族學研究》十八卷第一～二期所載〈台灣史概要（近代）〉。

（刊於《台灣青年》九期，一九六一年八月二十日）

能吏列傳(1)

施　琅

鄭氏叛將，清朝能吏！

施琅（泉州府晉江縣人），爲不世出之武將。他原本是鄭成功部將，其後降清，並轉而消滅鄭氏王朝。雖則施琅是鄭氏最大的仇敵，然而施琅替清帝國除掉了鄭氏，並奠定經營台灣的基礎，故謂之能吏。

施琅的陣前倒戈的確對鄭氏打擊甚大；但即使施琅不背叛鄭成功，也無法保證鄭氏王朝不會滅亡。究當時中國情勢，清帝國興起、明帝國沒落，可說是歷史之必然，也就是中國人常說的天命。而起於孟子的易姓革命思想，也從未限定當朝天子必出自漢族。在中國人的觀念中，解救腐敗政治下的勞苦衆生，常被解釋爲上天至高無上的旨意。儘管鄭成功對外標榜著「反清復明」的正義大旗，屢屢渡海出兵，襲擊大陸沿岸，對清帝國的統治及民生安定帶來莫大的威脅，然而就人民的觀點而論，這反而是一種擾民的惡行。包括本篇主角施琅在內，這種觀點在投效清帝國陣營的漢人之間極爲盛行。

鄭成功與施琅的失和

關於鄭成功與施琅失和的原因，如今有各種不同的說法。有人說施琅是恃才而驕，也有人說他曾經夢見自己化爲北斗七星，不幸此一謠言傳入鄭成功耳裡，招來鄭氏大忌。另外還有一種說法，施琅曾經不顧鄭成功刀下留人的命令，執意處斬某觸犯軍法的罪犯，終於種下鄭施兩人不和之因。總而言之，施琅確已形成一股反鄭成功的勢力，最後可能發展至嚴重對立的局面。當施琅逃過鄭成功的嚴密封鎖，逃離台灣之時，鄭成功萬分懊惱，認爲「施琅此去，必定後患無窮」，在怒氣無處可消之下，竟然殺害施琅之父大宣，及其弟顯貴。無可諱言，正是這股殺父之仇，使得施琅在投靠清帝國之後，成爲消滅鄭氏的強硬派。然而這並非唯一的理由。後來當施琅奉命派駐台灣時，曾有人問他：

「將軍與鄭氏有不共戴天之仇，如今鄭氏已成敗軍之將，無異於甕中之鱉，爲何將軍不趁機一雪前仇呢？」

施琅回答道：

「吾之作爲，悉爲保國衛民，絕非爲報一己之私仇，既然對方已認罪歸降，吾願盡力助其性命。」

這麼偉大的說辭確實令人動容，然而這只不過是檯面上的漂亮話罷了！底下將提到施琅在飛黃騰達之後所顯露的貪得無饜的一面。

三百年前的「國共合作談判」

施琅於順治八年（永曆五年；一六五一年）投靠清營，時年三十一歲。由於北方出身的清軍大多不擅海戰，因此當施琅投靠後，隨即受到重用。但是清軍對施琅仍有高度戒心，遲遲不願接受施琅提出的武力解決方案。

清帝國採取的是經濟封鎖戰，企圖以此引發鄭軍自亂陣腳。曾在順治十八年（永曆十五年；一六六一年）及康熙十九年（永曆三十三年；一六七九年）兩度頒佈遷海令，強迫沿海五省海岸居民全數遷往內陸，試圖藉此斷絕鄭軍的物資及人力補給。孰料鄭氏卻擴大與日本及南洋的貿易往來，並且與附近海域的海盜合作，將清國封鎖的打擊減至最低。

這段期間，清帝國向鄭氏提出和平解決方案，亦即所謂的招降政策。這可說是目前坊間盛傳的第三次國共合作的古代版，令人頗有鑑古知今之趣，在此稍做詳細介紹。

鄭成功死後（一六六一年）不到一個月，清國的招降攻勢便已展開。首由閩浙總督李率泰派遣特使前去拜訪尚維持廈門的鄭經。

「朝廷向以信義待人，倘若閣下願盡釋前嫌，薙髮來降，朝廷必當加封授爵。」

中共也同樣用這一招向蔣介石心戰喊話，保證他若投降，至少能換得部長以上的職務。只不過當時正值喪父之慟的鄭經並未將此事放在心上。

康熙六年（永曆廿一年；一六六七年）五月，河南人孔元章帶了一份非正式的密函渡海來台，再度表明清帝國寬容的態度，企圖勸降鄭經。這回鄭經確實有些心動了，表示如果清國願意承認台灣獨立的話，他也可以考慮放棄與清國爲敵的政策。無奈孔元章並未獲得充分授權，無法當場做出回應，最後只得黯然離台。

由此證明，一般以私人身份或層級較低的官員，實在無法擔當如此重大的外交折衝事務。

康熙八年（永曆廿三年；一六六九年）七月，清國當局再度派遣刑部尙書明珠及兵部侍郎蔡毓榮，攜帶皇帝的招撫詔書來到福建，與督撫商議後，決定另派特使赴台。爲了保住起碼的尊嚴，鄭經拒絕接受清國皇帝的詔書，只願意接受明珠的私人信函。明珠在信中不斷強調，這是與清國議和的絕佳時機，鄭經也趁機提出具體的條件，希望和朝鮮一樣，不須薙髮蓄辮，只消稱臣納貢即可。最後雙方在薙髮議題上無法達成協議，談判又觸礁。

康熙十八年（永曆三十三年；一六七九年），清帝國再度派遣使節團來訪。這次淸方終於讓步，不再拘泥薙髮之事，那麼，談判應當十分順利才對，不料鄭氏卻又提出另一項新條件，要求將廈門及其對岸的海澄地區劃爲中立地帶，於是情勢再次生變。翌年，平南將軍貝子賴答在出兵攻打鄭軍轄下的沿海諸島時，同時還以私人書信致函鄭經，誠懇剖析降戰二途的利弊得失，但是在頑固的老臣劉國軒作梗之下，和平談判再度決裂。事實上，在談判桌上拘泥太多不必要的小節而導致談判主體破裂，可說是古今中外皆然。無論中日事變中的日中談判，或是太平洋戰爭前夕的日美談判，抑或三百年前的清鄭談判，都是如此。

施琅完成消滅鄭氏的宿願

施琅登上歷史大舞台的時刻終於來了。早在康熙七年（永曆廿二年；一六六八年），施琅便曾經上奏皇帝，建議宜早消滅鄭氏餘部，否則待陳永華的富國強兵政策（請參照「拓殖列傳」(1)陳永華」）有所成就之日，必將成爲清國的心腹大患。由於鄭經的人望未及其父，且島內派系鬥爭激烈，無法團結一致對外；再加上鄭軍的兵員有限，訓練亦難稱精實，正是出兵攻擊的最好時機。而且鄭軍士兵多爲無家無眷的羅漢腳，受不了單身寂寞者，大有人在，心中也往往暗藏著對大陸的憧憬。若清國如同以往，單單派遣使節赴台議和，交涉的對象僅止於鄭經一人，談判的成敗全視其個人喜惡，軍隊或人民完全無權置喙。如果清國派出大軍壓境，無論是軍隊或一般民衆，都將感受到戰爭的壓力，屆時勢必引起輿論沸騰，鄭經將無法憑一己之力收拾局面。由是可知，唯有做好進攻的準備，才能夠誘敵降服。另外，欲取台灣，必先拿下澎湖。佔領澎湖之後，作戰的主導權將掌握在清國手中。此時再派出使節媾和，如果敵方接受清國的條件便罷，倘若對方試圖抵抗，清國將可由各方面出擊。當敵人的劣勢兵力被迫分散於南北兩端時，正是清兵截斷其聯絡補給、將之各個擊破的好機會。倘使對方企圖據城進行困獸之鬥，清軍亦可先收服周圍番社，以勝軍之勢，一舉攻下無援的孤城。即令攻城計劃無法克竟全功，也必然引發其內部分裂，終至自我滅亡。

當時的鄭氏軍隊與今天的蔣軍實有許多相似之處。或許有許多人對此抱持懷疑的態度，但是歷史眞相卻不容否認。因爲大多數士兵是受脅迫、欺騙，離鄉背井來到台灣的，原本即有不滿的情緒，在鄭成功、陳永華陸續猝死後，更是低落到了極點。當時的台灣移民對於鄭氏王朝的反感，雖然不及今日台灣人反蔣的程度，卻也相去不遠。（兩政權間的重要差異，前者是苦於土地太過廣袤，人口卻過度稀少；而地狹人稠卻是後者的主要困擾。）客觀而論，施琅所提的攻台策略，實近乎無懈可擊的良策。

康熙廿二年（永曆三十七年；一六八三年）六月十四日，福建水師提督施琅率領兵員一萬人、大小船艦二百餘艘，由銅山澳基地浩浩蕩蕩地出發。各艦的主帆上都寫著偌大的艦長名氏，以便主帥監視各艦行動。出發前，施琅更嚴令全體將士，信賞必罰，絕無寬貸。翌日艦隊進入台灣海峽，廿二日對澎湖群島展開攻擊。

鄭經比誰都清楚澎湖的戰略重要性，因此特別任命老將劉國軒爲總督，全權鎮守澎湖，並派遣六千名百中選一的精兵及一二〇艘船艦投入這場命運的決戰。無奈劉國軒用兵實非施琅的對手，雙方激戰數日之後，鄭軍受到致命的打擊，連主將劉國軒也是費盡九牛二虎之力，才勉強搭乘小船逃回台灣。鄭氏雖有決戰本島的覺悟，然而此時台灣早已陷入空前混亂，軍隊早已戰意全失，人民也對鄭氏王朝失去信心。再加上清國策動間諜活動，台灣社會隨時可能發生內亂，鄭氏眼看大勢已去，閏六月八日，終於派遣使節前往澎湖，向施琅俯首稱降。

對施琅進駐台灣一事，《靖海紀事》中有如下的描述。

八月，施琅率領艦隊登陸台灣。百姓絲毫不見畏懼之色，一如往常，致力於生計勞動。民衆多群聚歡迎施琅，簞食壺漿，道路爲之堵塞。見提督前来如迎父母，彷彿待望已久。即使過去頑強抵抗者，亦相繼順服来歸，表示願誠心遵奉本朝(清朝)制度。

清國對台灣的消極策略

清國出兵攻台，主因在於消滅鄭氏軍力。清國心中最大的恐懼，便是台灣淪爲倭寇、海盜，乃至鄭氏王朝等反清勢力的大本營，對大陸政權造成威脅。由於清國當時亦值建國草創之初，可說百廢待興，實無多餘心力將如此瘴癘之地納入本國版圖。這也說明當時清國爲何願意接受台灣獨立的條件，但待施琅滅鄭之後，清國內部又出現放棄台灣的論調，而且在放棄台灣的同時，還必須將現有的移民全數遣返原籍，使台灣復歸荒煙漫草之廢地，如此方可消除清國心頭的疑慮。因爲在清國眼中，台灣島上的移民等同於潛在暴徒。

此時，施琅由台灣凱旋回到北京，受封爲靖海將軍靖海侯，然而他卻驚覺朝中文武重臣竟然高唱台灣放棄論，乃迅速上奏皇帝，這便是有名的「陳台灣棄留利害疏」。

台灣雖爲海外一孤島，實爲東南數省之屏障，一旦天朝棄守台灣，此島必將淪爲逃兵流民聚集之淵藪，進而與當地生番聯手，成爲盜賊之巢窟，否則亦難免再度落於荷人之手。有云佔領澎湖即可制台，未知台灣地處澎湖背後，不據台灣，澎湖亦難安守。且台灣未來之殖產有望，倘能有效開發，必將收莫大之功效。

由於施琅是攻略台灣的最大功臣，所言極具份量，清國終於接受其議，將台灣納入版圖。康熙廿三年（一六八四年）四月，皇帝頒佈詔書，宣佈將台灣定爲一府，隸屬於福建省管轄，府下劃分爲台灣、鳳山及諸羅三縣，武備則另設分巡台廈兵備道（台灣設台防同知，廈門設廈防同知）。

然而，清國對台消極政策的基調卻未輕易轉變。「台灣編查流寓六部處分則例」中有如下的記載：

台灣流寓之民，凡無妻室產業者，應逐回過水，交原籍管束，其有妻子產業，情願在台居住者，該府縣即移知原籍，申報台廈兵備道稽察，仍報明督撫存案。若居住後，遇有過犯，罪止杖笞以下者，照常發落，免其驅逐。若犯該徒罪以上者，不論妻室產業有無，概行押回原籍治罪，不許再行越渡。

在附帶事項之中，另明定有「三禁」條文：

一、欲渡航台灣者，先給原籍地方照單，經分巡台廈兵備道稽查，依台灣海防同知審驗批准後始可。潛渡者，處嚴罰。

二、渡台者，不准攜帶家眷。業經渡台者，亦不得招致。

三、粵地屢為海盜淵藪，以積習未脫，禁其民渡台。

據說第三項禁令是施琅堅持附加上去的。施琅長久與鄭軍爭戰台海一帶，對此地局勢十分嫻熟，他深知客家出身的海盜在其地有舉足輕重的影響力，故刻意限制其發展。目前一般人多認為，由於客家族群遷台時間較晚，故得其名，但是台灣下淡水溪流域一帶的客家族群早在明末便已移住當地。然而早期的客家移民似多逞勇好鬥之輩，故官方之評價極為惡劣。一旦客家庄形成後，多與鄰近聚落發生集體衝突或竊人牛隻，且性喜興訟，是官府眼中的燙手山芋。上述的第三項禁令，或許與此一社會背景有關。

貪得無饜的施琅

最後不得不提的是，施琅也有其貪得無饜的另一面。前文曾經提及，當施琅消滅鄭氏王朝時，曾獲賜靖海將軍之名，並受封為靖海侯，此一爵位，俸祿可世襲相傳，朝廷甚至還特別破格恩准，在台灣建立施琅的生祠，然而最具實質利益的恩典，是皇帝賜給施琅一望無際的勳業地（根據清國的法令，賜予功臣世襲免租的田地）。孰知施琅對此並不滿足，又招募衆多佃農，申請開墾更多的土地，或從早期移民手中佔取已開墾的土地，並藉其權勢，脅迫地方官府承認這些土地屬於勳業地的一部分。爲了管理如此龐大的田產，他甚至設置了十個施公租館，僱用管事向佃農們收取田租。縱有佃農不滿，試圖興訟，地方官府亦畏於施家權勢，往往不敢秉公處理。

（刊於《台灣青年》十二期，一九六一年十一月二十五日）

能吏列傳(2)

藍廷珍

暗潮洶湧、颱風肆虐的台灣海峽

即使到今天，台灣海峽仍舊是一條難以跨越的歷史分水嶺，在造船及航海技術尚屬幼稚的過去，這條海峽更是隔絕大陸與台灣的巨大存在。

昔時，台灣海峽的文言稱謂為「台海」，一般俗稱為「大洋」或「小洋」。《台灣縣志》上曾記載：「台海之潮流可分為南北兩方。往來於台廈者，須橫渡洋流，故號之『橫洋』。由台灣至澎湖為『小洋』，由澎湖至厦門則為『大洋』。故亦稱之為『重洋』。」

文中所謂的潮流，即指烏水溝與紅水溝。《裨海紀遊》中記載：「台灣之海道，以烏水溝至為險急。海流由北向南，不知發源何處。汲海水可見澄碧如常，然全體望之則如黑墨。且海面呈凹陷狀，此為溝名之由來。廣約百里，渦漩流急，時而發出腥臭味。當船頭欲橫越此溝時，必投擲金紙、銀紙，焚香祭神，屏氣凝神以求天助。若橫渡失敗，則任海流飄送。紅水溝則無甚可觀，人人往來未以爲意。」

《日本水路誌》中則有較爲現代的記載：「無論任何季節，由台灣諸港口出發，欲前往厦門或福州等地，橫越台灣海峽皆爲一大難事。帆船難行自不待言，即使汽船欲橫渡此一海流，亦須保持十二萬分警戒。畢竟此一航程，須跨越方向不定的強勁海流，有時甚至必須逆流而行。當季風轉換之際，其困難可謂倍增，船隻在深夜中，遭遇來自或北或南之三十、四十海浬流壓，可說不足爲奇。有時甚至還必須逆風前進，其艱苦實非筆墨所能形容。即使在無風狀態，或奇風異變之際，亦有沖流到澎湖列島的危險。」

這種強烈的海流現象，起因於來自北方的寒流與南方的暖流在狹窄的海峽中交會，再加上季風吹襲的影響，便在海中引起強大的漩渦，海面亦呈現出不同顏色的帶狀潮流。

更可怕的是在台灣海峽肆虐的颱風。據說「颱風」一詞的原創者便是台灣人。這一點可見於《台灣縣志》，筆者亦贊成這種說法。

台灣人將颱風稱之爲「hongthai」，其漢字並非「風台」，而應爲「風篩」。與其相似的語詞有bithai—「米篩」。因爲「強烈暴風(台灣古語謂之puè，漢字為「颶」)挾帶著豪雨，由四面八方驟然襲來，在空中旋轉飛舞」的意象，讓以前的台灣人聯想到篩子甩動的模樣。外來的人不知hongthai爲何意，誤認爲是「台灣的風」，故稱之爲thaihong。

正因爲台灣海峽的航行條件如此惡劣，故自遠古以來，便有許多海盜船、官船或民船在海峽沉沒，近來亦有不少軍艦或商船在此遇難。昔時，對於那些在大陸生路已盡，除渡海來台之外別無他途的窮困移民而言，有時往往等不及天候回復，便必須登上裝備簡陋的戎克船，駛向視野茫茫的險惡海峽。那種悲壯的感覺，實非今日的你我所能想像。

縱使經過九死一生，有幸抵達台灣本土，但等著他們的，卻是各種厲害的風土病，以及會砍人頭的兇番。他們是憑著一股「大不了命一條」的勇氣，才能夠繼續開拓墾荒的生活。通常較爲嬌弱的婦女或孩童無法同行，因此連家庭的支持力量亦不可得。移民們只有日復一日，過著酗酒、賭博及爭吵不休的悲慘生活。由於此地本爲海盜們的根據地，加上鄭成功帶來反抗大陸的精神因素，又爲了抵禦番侮，移民們總是貯存著大量護身用的武器。畢竟這些土地都是以生命的代價，費盡心力的開墾所得，所以他們寧死守護斯土的心情，十分容易理解。

台灣最初的文治與武備

當清國將台灣納入統治版圖時，台灣島上約有十五萬左右的移民。

清國統治時期，其行政權的有效行使範圍實在小得令人驚訝。極北僅達斗六，南行可抵下淡水溪北岸，東側甚至未及中央山脈外側的丘陵地帶。連開發較早的澎湖群島，也僅限於本島、白沙島及漁翁島三地。

清帝國將這些地區定為台灣府，隸屬於福建省管轄。府下則設台灣、諸羅及鳳山三縣，澎湖則歸屬於台灣縣管轄。府治與台灣縣治均設於府城(台南市)，諸羅縣治設於佳里興(佳里)，鳳山縣治置於興隆里(左營)。然而在設治初期的二十年間，諸羅、鳳山兩縣的知縣卻始終留在府城，只派遣部屬前往當地處理業務。

接下來是軍備的部分，清國在邊疆的省份採取陸路(陸軍)及水師(海軍)合併設置的制度。軍隊的組織以總督或巡撫為最高首腦，其下分別設置提督、總兵、副將、參將、游擊、都司、守備、千總、把總、外委及兵卒等。

在台灣的軍備安排上，陸路於府治設鎮標營(總兵)，諸羅縣設置北路協標營(副將)，鳳山縣設置南路營(參將)，兵卒則由福建陸路中選拔派赴。水師方面，分別於安平及澎湖設置協標營(副將)，兵卒則分別由福建水師及廣東水師中挑選派任。軍隊的移防為三年一度，但嚴格禁止由當地的移住民遞補遺缺。陸路及水師的兵力合計為十營，共有一萬名駐屯兵，由分巡台廈兵備道(每半年移防於台灣及廈門之間)統帥。

清國對於赴台就任的高階文武官員設有特別的優遇辦法，希望藉此鼓勵用心為政。原本清國律法並不允許武官偕同家眷赴任，然而在台灣亦特別許可通融。台灣的官吏除了本俸之外，還可以支領一項名為「養廉銀」的特別加給。其任期與戍兵相同，三年一任，若任期間一切平安，即可晉升一級，如果有特別的功績者，還可一次晉升兩級。

清國採取如此優惠的待遇，還是無法培養台灣官員勤奮興政的積極風氣。行政上只知因循苟且，對錢財貪得無饜，一心只想早日返回大陸，繼續加官進祿。福建省的惡劣政風本已屬中國之冠，台灣更有過之而無不及。

康熙六十年(一七二一年)，朱一貴在此環境下起兵反叛，貪生怕死的文武官員爭先恐後逃往澎湖、廈門。朱一貴一週之間即橫掃台灣全島，而敉平朱一貴叛亂、建立新體制的，正是藍廷珍。

藍廷珍出馬，藍鼎元輔佐

藍廷珍是福建漳州府漳浦人，從小即立志成為軍人。他的動作靈敏，射擊技術精準，在討伐海盜時立下大功。康熙五十七年(一七一八年)，藍廷珍受命為台灣澎湖水師副將，未幾更晉升為廣東南澳鎮總兵之職。

當朱一貴起兵反叛時，閩浙總督覺羅滿保立即飛檄藍廷珍，召其盡速前往廈門。藍廷珍認平定此亂為其職責，遂上書覺羅滿保，暢言進攻反賊戰略。覺羅滿保閱畢大喜，讚道：「藍總兵所見與吾略同，平息此亂，非藍總兵莫屬！」

從此藍廷珍便兼任台灣鎮總兵之職，率領水陸兩軍急赴澎湖，與福建水師提督施世驃(施琅之子)會合，共赴台灣平亂。此時正值朱一貴與杜君英不和，勢力大為削減，儘管朱氏仍率餘部頑強抵抗，最後終於不支潰敗（請參照「匪寇列傳」(1)朱一貴）。由於施世驃於戰役中病歿，遂由藍廷珍兼任水師提督。此後藍廷珍遂掌握軍政大權，致力於台灣政治的重整大業。

藍廷珍與一般軍人不同，不僅沒有專擅獨斷的習氣，同時與上司同僚協調良好，並且善於選用優秀人才，適才適任，是個難得的政治人才。清國的官吏一向以善妒、中傷、推卸責任的惡習著稱，與其相比，更顯出藍廷珍的可貴。

不可否認地，藍廷珍治台事業得以成功的主因之一，係因爲得到藍鼎元（藍廷珍的同門）輔佐。《台灣府志》的〈藍鼎元傳〉中記載：「指揮適確，深得要領，擒賊百中難失其一，忙亂中仍裁決如流，實爲廷珍之左右手。」由此可見，正因爲有藍廷珍，才有藍鼎元的存在，反之亦然，兩者之間相輔相成，實羨煞人也。

諸位難免好奇藍鼎元何許人也，其故鄉爲福建漳州府漳浦縣，其父人稱文庵先生，係鄉里中德高望重之人。母親許氏亦以婦德著稱，雖家境清寒，仍教授鼎元以聖人君子之道，做爲其一生爲人處世的典範。當朱一貴起兵作亂的消息傳出，鼎元隨即趕至藍廷珍門下，欲爲朝廷盡一分心力。

我們今人之所以能瞭解當時朱一貴作亂前後的台灣諸般情事，多來自於藍鼎元所留下的衆多著書，包括《平台紀略》、《東征集》、《鹿洲初集》、《鹿洲公案》等（鹿洲乃鼎元的號）。其中《東征集》的內容係選自藍廷珍軍中文書較重要的部分編集而成，後來成爲清國治理台灣的大要方針。因此我們要瞭解藍廷珍的治台功績，不得不藉助藍鼎元筆下的記載。

首先鎮撫朱一貴餘黨

藍廷珍的首要之務，便是徹底追查朱一貴與杜君英的餘黨。他製作精密的地圖，交由偵查部隊按圖搜索：「凡遇見往來行旅，必詳實審問，凡見得城寨堡壘，則縱火焚之，遍查境內任何山谷岩窟。若匪徒有自首者，則免其一死，予其自新之機。」（〈發檄諸督辦大舉搜索羅漢門諸山〉）。由此可見，藍廷珍雖不辭秋霜烈日之苦，對叛民進行大舉鎮壓行動，然而對於與暴動無關的善良百姓，極力避免受到無謂的波及。

批判清國朝廷的保守心態

北京的清國朝廷與福建的閩浙總督對於朱一貴的起兵叛變，事實上受到極大的震驚。清國當道認爲叛亂的主因，在於不法移民定居在政府管轄區之外，這種傳統的保守思想，似乎有藉此機會死灰復燃之勢。「盡數驅除台灣、鳳山、諸羅三縣的山中移民，盡毀其房舍，以巨木阻塞通往山中之道路，不准任何人出入。距山麓約十里之內視爲區界，十里內之民家全數遷移他處，田地亦不得耕作。於此境界線上築五、六尺之土牆，掘深塹壕，作爲永久隔離之用。私越此境界者，一律視爲匪徒。如此則惡民無遁走之途，生番亦無法入平地騷擾爲

害。」（出自〈台疆經理事宜十二條〉）

　　藍鼎元聞此論調，大表驚訝，立即爲文相應，即爲〈覆制軍台疆經理書〉，其中提到：「安土重遷是爲人之常情，對於墾有田地，居有家屋，成家立業之民，強制其遷徙他處，將使其無家可歸，無地可耕。窮途末路之餘，唯有鋌而走險，或偷或搶，淪爲盜賊，此乃制軍須明辨愼思之處。再者，如今制軍欲放棄之田地，可謂地廣而肥腴，實爲宜家宜耕，倘有心者率衆至此，趁虛而入，恐將生息無盡，若此間出現一統其地之霸主，恐將爲朝廷之一大敵國。其三，此地之移住民者，無一不爲潛藏之叛民，其間或爲鄭氏之遺臣，或爲鄭軍之舊部，倘一一計較，將永無止境。然目下彼等亦以生活之平和至上，今日僅以其居處近匪窟之由，欲驅之別處，實有不盡公平之虞。其四，據實論之，匪徒絕不僅止於山間住民，縱使今郡部之住民，可能成匪徒者十中有九。倘若匪徒滋生之地，唯有放棄一途，首先須放棄者乃府治。而恆春地方卻未見有叛民，更無放棄之理。怯懦之官兵多未親見匪徒之所出，唯流言蜚語而已。其五，入山伐木取藤，乃貧民之生計所依，且材木係軍船修繕不可或缺者，拾薪燒炭亦爲社會不可少之職業。若爲搜索匪徒暫時封山，尙屬情有可原，若永遠禁絕民黎入山，影響可謂至爲深遠。同時亦將影響軍需之用，並引發社會動盪。」

追求行政能力的大幅提昇

清國當局為此大傷腦筋，遲遲未能作出最後決定。康熙六十一年，福建巡撫楊景素好不容易提出折衷方案，僅將番界的出入口封鎖起來，恆春地區雖依原議，成為禁止墾殖之地，但卻未曾嚴格執行。

藍鼎元當時早已發覺台灣移民的爆發性能量絕非一紙禁令所能限制，唯有積極擴張行政管轄能力，協助移民成長，方為善策。從以下這則記錄，便能看出何謂移民的爆發性能量：「過往(意指朱一貴叛亂之前)，台灣所轄僅府治周圍百餘里，鳳山、諸羅實乃瘴癘惡毒之地，其邑令尚且不敢近。而今，南端已達瑯嶠(恆春)，北抵淡水、鷄籠(基隆)，縱橫達一千五百里，人民之趨利疾如鷹鷙。昔日，大山(意指中央山脈)之麓，人不敢近，唯恐為野番所殺。今則群入深山，雜墾番地，縱冒生命之危險亦不足懼。甚至連傀儡內山(南部山地)、台灣山後(東海岸)之蛤仔難(宜蘭)、崇爻(台東北部)、卑南覓(台東南部)等番社，皆有漢人足跡，與當地住民貿易往來。生聚日繁，漸廣漸遠。雖天朝勉力圖禁，然從未能禁絕其道。」(出自《平台紀略》)

於是乎，藍鼎元建議將諸羅縣一部分，由虎尾溪至大甲溪一帶，劃歸為彰化縣(縣治為半線，即今之彰化)，而大甲溪至基隆之間，則劃為淡水廳(廳治為竹塹，即今之新竹)。此議於雍正一年（一七二三年）獲清國皇帝採納施行。

重振軍隊士氣及紀律

然而，欲重建朱一貴之亂後的台灣警備體制，唯有先提振早已頹廢弛緩的軍紀及士氣。當時的巡視台灣御史黃叔璥曾於所著《赤崁筆談》中提到：

> 此回台灣失陷之責任，實在於兵虛將惰。兵虛之主因，則在於台灣駐屯軍中換名頂替（以金錢為代價，央託他人代行軍役）之風盛行。此等冒名從軍者，多爲臨陣脫逃之輩。而將領對此亦不以爲意，甚至私呑逃亡者薪餉。遇有上司查閱情事，則招集市井中無賴之徒，藉以魚目混珠。甚至地方上之駐守兵隊，將領往往不知去向，徒留兵卒在營胡爲，賭博滋事者所在多有。

藍鼎元試圖重振頹弊至極的軍隊，遂上書朝廷：「有兵不練形同無兵。兵不知將意，將不解兵情，此乃烏合之衆也。兵器與手不相習，手與心不相應，此乃謂之生疏。各單位皆須使其徹底瞭解部隊所屬，每逢三、六、九日，實施嚴格訓練，有如常臨大敵之感，爲此之故，兵器火藥之整理補給，不得怠慢，如此方爲隨時皆可應戰之部隊。」

其有鑑於台灣警備地區廣袤，現有兵力實過於稀少，故上奏朝廷，請求增埔三千六百名兵員，配置於各重要駐屯處所。此外，爲使駐台兵卒無後顧之憂，藍鼎元並上書要求，配給大陸的家眷每戶每月白米一斗，銀二錢八分，此議亦得到朝廷照准。

藍廷珍、藍鼎元這對絕佳搭檔，令人不禁聯想到日本時代的兒玉源太郎與後藤新平。綜觀以上諸般文武施策，二藍實稱得上是清國時代的能吏。

〔參考資料〕

本文多處引用《台灣縣志》、伊能嘉矩所著《台灣文化志》、《台灣志》，以及連雅堂所著《台灣通史》等書，尚請各位讀者諒察。

（刊於《台灣青年》十八期，一九六二年五月二十五日）

能吏列傳(3)

劉銘傳

劉氏的歷史地位

一八七四年(同治十三年；明治七年)，清帝國眼見日本軍堂而皇之地進攻牡丹社，討伐當地的番人，才醒悟到台灣統治的重要性。當時的總理船務大臣沈葆禎奉命前往台灣辦理海防事務的經過，已於「拓殖列傳(3)沈葆禎」一文中有詳細介紹。劉銘傳(一八三七～九六年)則繼承沈氏建設台島的構想，爲清末難得一見的開明政治家。遺憾的是他在任僅短短六年，便不得不將棒子交給繼任的邵友濂，邵及後繼的唐景崧雖然大體上延續劉氏的開發路線，但大多數事業都無疾而終。因此台灣眞正的開發，亦即近代化的推行，須待日本統治時代兒玉源太郎總督及後藤新平行政長官上任之後才正式開展。

年少出身鹽匪

劉銘傳爲安徽省合肥縣人，年少時聚結徒黨，販賣私鹽爲業。太平天國之亂（一八五〇～六四年）爆發後，曾國藩爲平息亂事，於咸豐四年（一八五四年）籌組湘軍，劉銘傳亦投身其中，開始軍旅生涯。在征討太平天國的過程中，劉銘傳屢建奇功，威名遠播。不久獲得同鄉李鴻章之賞識，亂事平息之後，因功獲得晉用，奉命任直隸總督。光緒十年，清法戰爭爆發，朝廷又任命其爲福建巡撫，欲借其軍事長才加強沿海防務。當時的法國艦隊在進攻福州之前，企圖先行佔領台灣，以爲攻守的根據。劉銘傳則渡海來台，坐鎮沙場，指揮厮殺，於基隆、淡水等役，皆與法國艦隊互有勝負，呈分庭抗禮之勢。（基隆的Courbet海灘，澎湖島的Courbet提督之墓，皆為這場戰役的遺址。）翌年，清法兩國訂定和約，劉銘傳亦得以凱旋返回福建。

成為首任台灣巡撫

有鑑於清法戰爭，台灣遭受法國艦隊全面封鎖，清國再次深切體認，台灣防務實不得掉以輕心。同治十三年（一八七四年），閩浙總督沈葆禎曾建議福建巡撫應移駐台灣，內閣大學士左宗棠同感之餘，奏請朝廷「將台灣改設行省」。光緒十二年（一八八六年）三月，福建巡撫劉銘傳被任命爲首任台灣巡撫。其治台方針簡明扼要：「台灣爲南洋門戶、七省藩籬，有事之秋，非但閩、台唇齒相依，不容稍分畛域；即沿海各省亦當通力合作，仍可相與有成。」

劉銘傳深知，新設之分支單位難免受到中央事事掣肘，故在受命爲台灣巡撫之際，還不忘奏上一本：「今後台島之一切經營，均由臣個人全權負責，十年之後，必可期土地拓殖之效，臣願負所有責任，將台灣建設爲開明之地、富源之域。」所幸北京有當權派恭親王爲其後盾，向來與台灣關係匪淺的閩浙總督楊昌濬與劉銘傳亦爲長年故交，使劉銘傳得以安心履任，投入建設台灣之大業。

台北躍升為政治中心

劉銘傳最初提出的計劃，爲行政管轄力量之強化。將台灣的政治中心由當時的台南遷移至地處中央的彰化，將其設爲台灣府，以北爲台北府，以南爲台南府。定案之後，隨即進行台灣省城之建設工程，在省城工事完成之前，巡撫衙門則暫置於台北（省城的建設工事中止於繼任的邵友濂之手）。在設立新的三府之後，隨之而來的是行政區劃分作業。自康熙廿三年（一六八四年）台灣設置一府三縣以來，行政區劃分已經過四次大變革，其詳細經過請參考附表。

附表：台灣行政區劃分變革表（伊能嘉矩：《台灣文化志》）

康熙23～61年		雍正1～乾隆52年		乾隆53～同治13年		光緒1～10年		光緒11～21年	
府	縣廳	府	縣廳	府	縣廳	府	縣廳	府	縣廳
台灣府	台灣縣	台灣府	台灣縣	台灣府	台灣縣	台灣府	台灣縣	台灣府	台灣縣
	鳳山縣		鳳山縣		鳳山縣		鳳山縣		彰化縣
	諸羅縣		諸羅縣		嘉義縣		嘉義縣		雲林縣
			彰化縣		彰化縣		彰化縣		苗栗縣
			淡水廳		淡水廳		恆春縣		埔里社縣
			澎湖廳		澎湖廳		澎湖廳	台北府	淡水縣
					噶瑪蘭廳		卑南廳		新竹縣
							埔里社廳		宜蘭縣
									基隆縣
								台南府	安平縣
						台北府	淡水縣		鳳山縣
							新竹縣		嘉義縣
							宜蘭縣		恆春縣
							基隆廳		澎湖廳
								台東直隸州	

軍備的增強

由於台灣海峽的風雲告急，因此擴充台灣及澎湖防務遂爲劉銘傳的首要之務。過去台灣流傳一句話：「台賊多由內而生，鮮由外而至。」但是隨著情勢變化，外來的壓力顯然今非昔比。劉銘傳首先由英國購入三十一門Armstrong後裝砲，分別於澎湖島設置三座，基隆港兩座，淡水港兩座，安平港兩座，打狗港四座。陸軍方面亦加強裝備，於台北城內設立洋式機器局，並新設火藥局等。諸般軍備支出之總額高達二一〇萬兩。

鐵道的鋪設

此外，劉銘傳還提出殖產興業之議：「目前，台灣島不僅爲我朝海防之重地，且爲獨立建省之肇始，故宜大興產業，招徠農工商賈，以謀求全島之繁榮富強。而欲達此一目的，疏通內外運輸之便，實乃當前最大急務。」爲此特別派遣南洋考察團，依其所提建議，開設商務局，其下設輪船公司，定期行駛台灣近海各港口。另外還設置電報局，提昇島內各都市的電信聯絡，並成立郵政局，開辦新式郵政業務。

其中劉銘傳投注心力最大者，應爲鐵道建設工程。

中國最早舖設的鐵路，位於上海至吳淞之間（日本於一八七二年完成東京至橫濱間的鐵道），工程始於同治五年（一八六六年），光緒三年（一八七六年）竣工，無奈後來受到官民歇斯底里地反對，最後竟落得被迫拆除的下場。而劉銘傳於光緒十二年（一八八七年）著手籌建以台北爲起點，南北兩線的鐵道，不僅在台灣史上具有重要地位，同時也是全中國的先驅象徵。

鐵道建設的業務係由新設的台灣鐵路總局全權負責。鐵路局自海外延攬諸多技術人才，包括德國的Becker、英國的W. Watson、H. Mitchell、H. C. Matheson等，負責鐵道的設計與監督，施工部分則動員軍隊參與。不料無知的士兵們竟然將測量樁拔起，用爲燃料，或是收受住民賄賂，故意使路線繞行遠處，以迴避其墓地。再加上沿途原有的陡升降坡及隧道工事，工程進度遙遙落後。好不容易終於在光緒十七年（一八九一年）完成台北（大稻埕）至基隆間二十英哩的路程。原本南線預計通車至台南，無奈工程實在落後太多，最後在光緒二十年（一八九四年），僅有台北至新竹間的四十二英哩路線完工落成。

這條鐵路爲幅寬三英呎六英吋的超窄軌，沿途設有十六個車站，每日往返三個班次。當日本接收台灣時，總計有機關車八輛、客車二十輛，以及無蓋貨車廿二輛。台北至基隆間的乘客人數，平均每日爲五百名，台北至新竹之間，平均約爲四百名，每月合計可得兩萬元收入。而其花費的建設成本卻高達一三〇萬兩。

基隆港的興築工程始於光緒十三年（一八八七年），後來因建設費用過於龐大，被迫中斷。此外，劉銘傳亦著手進行台灣的道路建設，其中最引人注目的成果，即爲橫跨淡水河兩岸、總長一四七〇尺的大木橋。其所在位置與今之台北大橋相同，後來於明治三十八年(一九〇五年)，因淡水河氾濫而被沖毀。

劉銘傳對於教育亦甚重視，他認為傳統的儒生養成教育根本無法培養出適合新時代的人才，因此模仿外國的學制，設置了許多新學校。

西學堂：光緒十三年(一八八七年)創立。主要授課項目為英語，兼及其他一般學科。電報學堂：光緒十六年(一八九〇年)創立，收取學員十名，以傳授電信技術為主。番學堂：光緒十六年創立，學生多為各部族酋長之子，主要修習內容為「三字經」、「四書」等。此外，劉銘傳原本亦計劃設立日學堂，以教授日語為主，可惜最後來不及實現。這些劉氏一手創設的新式學校，全部在邵友濂手中廢除。

振興產業

劉銘傳相信，台灣雖為孤懸海外的蕞爾小島，然而土地肥沃、物產豐富，只要適度加以開發，必能達到經濟獨立的理想。因此他針對台灣特產的樟腦及硫磺採取官辦專賣制度，分別設立腦磺總局。烏龍茶的產銷事業亦受到保護與獎勵。在煤礦生產方面，亦不惜聘僱國外技師，進口最新型機械，企圖大幅提昇產量。

眼見台灣廣大的土地為番人所佔，無法投入各項生產事業，劉銘傳不免覺得十分可惜。

因此他於光緒十三年(一八八七年)創立全台撫墾局，決定進行全面性開發。他還起用林本源家的林維源擔任撫墾事業的總負責人。根據後來的報告顯示，「歸化生番八〇六社，總計十四萬八千四百七十九人」，然而據估計，實際數字僅爲十分之一左右。

對於不願順從的凶番，則採取武力鎮壓。台灣北部的大嵙崁番、台東平埔番及花蓮的大南澳番等，都曾經受到大規模討伐，然而成果並不理想。

清賦——空前的大事業

要推動以上所提到的這些建設事業，顯然需要一筆極龐大的預算。最初，劉銘傳曾向沿海各省商借數百萬兩貸款，在這筆本金用罄之前，無論如何都必須讓台灣的財政獨立才行。此時劉銘傳首先想到的，便是增加地租的收入。

從歷史上來看，台灣的水田旱地多爲移民胼手胝足開墾所得，因此農民的反抗思想極強，清國官吏向來無法徹底管理。在移民開墾台灣的兩百多年來，從未進行過任何土地丈量，而政府收取田賦的方式，完全依靠人民主動申報，與事實有很大的差距。當時全島登記的田地面積僅三八一〇〇餘甲。擁有二、三甲以上田地者，往往只願申報一甲的面積，而且盡量壓低農地等級，只求減輕租稅負擔。

光緒十二年，劉銘傳分別於台北及台灣兩府設置清賦局，各縣另設分局，決定全面展開清丈作業。可想而知，移民團體必然出現激烈反彈，而承辦官吏亦不乏瀆職貪污之人。由當時劉銘傳提出的奏摺中，可知他本身亦早有覺悟：

……臣，渡台以來，即察覺此地民間稅賦有異，以台北、淡水為例，田園綿延，廣達三百餘里，徵收得穀僅一萬三千餘石，其間私墾隱匿之田地，可謂不可計數。臣今分派胥吏奔赴南北各縣，選出各縣公正之士，行各戶稅賦之調查，使其察明田園所屬，繼而逐戶改正丈量，委交台灣府知府程起鶚、台北府知府雷其達，各自於府下設清賦局，負責監督管理。然台灣民風強悍，一言不合，動輒舞刀弄劍，聚衆挾官之事亦時有所聞。故胥吏多視實地踏查為畏途，加以萬山叢雜，道路崎嶇，倘調查官吏及各縣公正之士，無以協同切實清查者，不僅無實際裨益，恐此事業將遙遙無可止者。故臣決嚴定責罰，只許成功，不許失敗。……

光緒十四年（一八八八年），清丈事業大致完成。劉銘傳藉此契機，將過往繁雜無當之租稅項目大幅簡化，另一方面，則提高稅率。結果，地租總額達到六七四四六八兩，較之以往徵收所得之一八三三六六兩，足足增加了四九一一〇二兩。

施九緞之亂

然而此一台灣史上的偉大事業卻種下了劉銘傳下台的伏因。光緒十四年八月爆發的施九緞(Si Káutuān)之亂，可說是清賦事業最大的敗筆。施九緞乃福建晉江縣人，幼時即移民台灣，定居於彰化縣。及長，於鹿港開辦運輸事業，累積了龐大的財富。施氏爲人豪爽，在地方上頗孚衆望。由於彰化縣隱田數量較多，因此清丈事業在此地遭遇的反彈也特別嚴重，社會情勢十分不穩。施九緞察覺這股氣氛，緊急向縣府提出要求，希望當局能暫停此一行動。當局不僅不加理睬，反而採取強硬手段，地方人民的不滿終於爆發。施氏被推爲衆人的盟主，叛軍首先奇襲鹿港，繼而包圍彰化，甚至有朝嘉義推進之勢。劉銘傳亦不示弱，速命中路軍統領林朝棟、台灣鎭總兵萬國本，以及澎湖水師總兵吳宏洛等，出兵鎭壓叛民，未幾，叛軍不支退敗，施九緞亦倉皇逃逸，最後病死於二水。

人心離反

施九緞之亂平息後的第三年，光緒十七年(一八九一年)二月，日本領事前往台灣南部一帶視察，對劉銘傳推動清賦事業後造成一般民衆反官情緒高漲，有著極爲傳神的報告：

現今，台南一帶民心極爲不平，隨時伺機謀反，已爲無法掩蓋的事實。台島政府之苛征暴斂，實乃引發民情至此之主因。正如前所提及，台南府鳳山縣內地一帶，徵稅官吏至農家收稅時，民家因無足夠存銀，乞求以米糧暫代，孰料官吏堅持不准，農家雖懇請暫緩時日，酷吏卻絲毫不爲所動，反而逞暴威嚇，極盡苛酷；最後甚至掠奪其妻女，揚長而去，鄰近之農民大感憤慨，同聲譴責地方官吏之不法，已近起兵謀反之境。

至於恆春一帶，近來爲徵收租稅之故，竟須派遣兵勇相隨，採行高壓督促，方可遂行。但當地民心反而更爲激昂，無不惡言怒聲以對。

此外，原本爲討伐生番所招募的兵勇，一旦解散，幾無糊口之途，極盡窘迫之餘，遂與廣東的客家移民結合，誘引各部落生番與其合作，同謀抵抗行政官吏，此亦爲造成一般民衆謀反之原動力。

根據台南某英國領事所言，劉巡撫原有巡閱南部計劃，然推察今日民情，恐將至難實現。一般鄉民甚至公言，倘巡撫膽敢前來，將揮槍投石以對，欲除之而後快。

黯然下台

這位日本領事於考察結束後曾前往台北拜會劉銘傳，針對其所推行的各項事業，就其親眼所見提出各項忠告。沒想到劉銘傳只是淡淡一笑：「淸國人民根本不瞭解道理是非，無論推動任何事業，可說議論百出，這是我最大的困難！」

劉銘傳不僅失去民衆的支持，同時也失去了中央的後盾。光緒十四年，與劉深交的閩浙總督楊昌濬轉調他處，繼任的卞寶第對其諸般施政可謂事事掣肘。不久恭親王亦隨之去世，再加上施九緞之亂，以及官辦煤炭事業等案，劉銘傳屢受中央彈劾。十年之內必有所成的承諾，眼看即將化爲泡影。到了光緒十七年五月，劉銘傳以生病爲由，黯然辭官返鄉。其後健康亦無好轉，終於在光緒廿二年(一八九六年)病逝。

【後記】

當李鴻章擔任全權議和大使，將台灣割讓給日本時，劉銘傳已臥病不起。李鴻章曾爲此事特致親筆信函給劉銘傳。信中說道：「割讓台灣實爲大勢所趨，然足下銳意經營有成，台島諸般文明設施，日人必將欣然接受，並繼之發揚光大，不致撤廢毀敗。仁兄多年鞠躬盡瘁之治績，必將流傳久遠，實値欣慰，兄可安心毋慮。」

一如前文所述，劉銘傳乃一介鹽匪出身，原本並沒有高深的學問。在太平天國亂平之後的同治九年(一八七〇年)，他曾暫時返鄉隱退，此時劉不惜鉅資，興建宏偉宅邸，名曰「大潛山房」，並招集數十位飽學之士在此興學講道。如此日夜勤勉好學之餘，終於使其成爲一個文武兩全的政治人物。此外他亦頗好奕術，係當時中國屈指可數的棋手。

德國人Dr. Ludwig Riess所著《台灣島史》一書評劉銘傳曰：「彼乃熱衷的開進主義之士，於一八九一年辭職歸山的六年間，仍致力推動近代工業，俾使其廣佈於支那東方之一孤島。若提起劉銘傳之名，於歐洲亦頗爲人知。」

〔參考資料〕

本文資料多引自伊能嘉矩的《台灣文化志》、《台灣志》，以及連雅堂的《台灣通史》。

（刊於《台灣青年》二十期，一九六二年七月二十五日）

能吏列傳(4)

後藤新平

日本領有台灣

自從日本開國以來，台灣是其首次對外擴張的新領土。日本被迫打開國門之後，原本是西歐列強的俎上魚肉，沒想到如今卻從中國文化圈內取得一塊與九州面積相仿的土地，附加兩百五十萬的人口。當日中兩國在簽訂馬關條約之際，李鴻章曾經以半帶同情的口氣，向伊藤博文訴說治理台灣的種種難處，而西歐列強也對日本經營殖民地的能力摻雜一種期待與嫉妒的情緒。而當時日本人足以傲人的，唯有一股不服輸的高昂士氣。

如今台灣歸於吾國之手，正與大日本擴張之機運契合。倘若治理漸有功績，拓殖大業有成，此地自然成爲吾國大展鵬翼之根據地。縱目南望，菲律賓已近在咫尺，南洋諸島如相連之庭石，香港、安南及新加坡亦不遠矣，皆將成爲邦人一展雄圖之地。然而這些尚有待將來吾輩一一加以實現。（松島剛、佐藤宏共著《台灣事情》第十三頁，明治三十年二

月，春陽堂發行）

這股積極進取的精神正是促成明治盛世的原動力。事實上，在維新大業的半世紀之後，日本人便實現了這項偉大的夢想，然而不可諱言地，在日本領台之初，由於殖民政策的無知與準備不足，確實造成許多不必要的問題。當時前往接收台灣的日本人，首先面臨的是「台灣民主國防衛戰」，經過數個月熬戰，付出幾千名士兵死傷病殘的代價，好不容易才取得初步的勝利。沒想到此時等著他們的，卻是各地的反抗游擊隊，絲毫談不上任何經營與建設。

台灣的第一任總督海軍大將樺山資紀於一八九五年（明治廿八年）五月奉命上任，翌年六月去職。第二任總督由陸軍中將桂太郎繼任，亦於同年十月辭職。繼任者為陸軍中將乃木希典，一八九八年（明治三十年）二月卸任。日本統治台灣的基本方針，係由原敬所提出的法國統治阿爾及利亞的模式，用積極的同化政策為主軸。經過半世紀後回顧日本的治台成績，證明這種殖民方式確實有其顯著成效。但是在領台初期，台灣社會的治安混亂，人民對日本內地事務亦漠不關心，在這種疏離的情況下，採取同化主義可說是極端冒險的魯莽之舉。

在當時人們的心目中，台灣不僅是升官的跳板，更是內地失業者嚮往的樂園。據說許多新錄取的日籍警察在前往台灣就任時，還隨身帶著木工道具。由此可見這些前來應徵警察的人，只不過抱著混口飯吃的心態，根本沒有為國為民犧牲奉獻的精神。

另一方面，日本獲得了台灣，卻帶來了意外的負擔。一八九六年（明治廿九年）度的總督府歲入總額爲九六五萬圓(歲出的數目約略相同)，其中租稅與其他收入僅佔二七一萬圓，不足的六九四萬圓，完全來自母國的補助。一八九七年(明治三十年)度的歲入爲一一八二萬圓，其中本地收入部分爲五三二萬，補助款仍高達五九六萬。當時日本爲了籌措本國產業發展所需的資本，早已疲於奔命，治理台灣所耗費的龐大補助款，對政府無異是雪上加霜。最後甚至有人倡議，要以一億圓賣掉台灣。簡而言之，日本的台灣經營，剛起步不久便遇上極大的瓶頸。

兒玉、後藤搭檔登場

在這個緊要關頭，陸軍中將兒玉源太郎(時年四十七歲)肩負著全日本的期待踏上台島，成爲第四任台灣總督，並由後藤新平(時年四十二歲)出任民政長官，負責輔佐重任。他們可說是當時日本政壇的明日之星，日本政府竟然毫不猶豫地把這兩名一流人才派到台灣，筆者以爲，這正表現出明治時代的日本的不凡之處。

日清戰爭(一八九四～九五年)中，兒玉源太郎以陸軍次官之職順利完成後方兵站補給的大任，名聲至爲響亮。當二十餘萬名將士凱旋回國時，兒玉又奉命出任陸軍臨時檢疫部長，成功地防範「戰後流行病」爆發。屢建奇功的兒玉後來被拔擢爲事務長官，當時擔任內務省衛生局長的正是後藤新平，正所謂「英雄惜英雄」，從那時起，兒玉與後藤兩人便奠下了日後合作的基礎。後來兒玉受命爲台灣總督，同時還兼任陸軍大臣(一九〇〇年)，後來陸續轉任內務大臣與文部大臣(一九〇三年)。當日俄戰爭(一九〇四～〇五年)爆發後，兒玉被任命爲大本營參謀次長兼兵站總監，未久更以滿州軍總參謀長之尊，親自出征。連年征戰使兒玉總督經常不在台灣，而後藤便以民政長官的身份，代行總督之職，全心投入台灣的經營與建設。

後藤新平的生平

後藤可說是誕生於日本的世界級政治家。他不僅在當時提倡社會保障的觀念，還將東京從震災的廢墟中重建，同時他也是童子軍的總裁。甚至連他那副時髦的夾鼻眼鏡，也成爲衆人矚目的焦點。後藤新平(一八五七～一九二九年)，安政四年出生於岩手縣水澤市的武士家庭。著名的開國論者高野長英是後藤新平的表兄，由於這一層關係，他也曾經被批評爲「謀叛之子」。然而後藤卻不爲所動，仍舊對高野長英十分尊敬，並且繼承其不媚權勢的反骨精神。如果眞要一一介紹的話，恐怕整整一本書的篇幅還不夠，在此僅略舉一二，以饗各位讀者。

一八八二年(明治十五年)，在野黨的板垣退助在歧阜發表攻擊薩長藩閥政府的演說時，遭到暴徒襲擊。當時後藤恰好擔任名古屋愛知縣醫院院長，亦即政府的公務人員，他卻主動爲板垣治療。另外一件則是民政長官時代的軼聞，某次後藤風聞台糖的幹部山本悌二郎在工作上受到總督府官員的掣肘，他反而公開表示：「如果凡事在意行政官僚的看法，對人民進行不當干涉的話，將會讓有才之士對台灣卻步。而不惜與無能的官僚對抗，全力支持人才的發展，才是眞正有意義的工作。」與山本站在同一邊。雖然他自己身爲行政官僚，卻充滿與官僚作風格格不入的在野特質，或許這正是他的成功之處。

後藤的專長是醫學，但是與生俱來的政治家才能卻使他無法滿足於懸壺市井的生活，眞正能引起他興趣的，是格局更大的國民衛生保健事業。他在一八八九到一八九二年的留德時期，設計柏林下水道的病理學泰斗兼政治家斐爾裘(Rudolf Virchow)成爲他心目中的偶像，而終日埋首於實驗室的病菌學大師考科(Robert Kock)反而不是他仿效的對象。後藤於留德前後所著的《國家衛生原理》與《衛生制度論》，便積極提倡進步的社會政策。

後藤新平與台灣的關係開始於他專長的衛生保健方面，也就是台灣的鴉片政策。早在荷蘭統治時期，鴉片即已傳入台灣；到了清帝國時代，台灣的鴉片問題益形嚴重。一八六五年，台灣被迫開港，直到日本領台的三十年間，鴉片的年平均進口量從未低於三十萬斤，若以每一百斤四百兩的價格計算，每年外流的資金高達一二〇萬兩。這個數字佔當時進口總金額的五十～六十%，對台灣是一筆莫大損失。清末台灣的人口約爲二五〇萬，據說當時吸食鴉片的人數高達五十萬，不過根據一九〇〇年(明治三十三年)的正式調查，鴉片吸食者的人數爲十六萬九千六十四人。

因此鴉片政策能否順利推行，幾乎被視爲日本能否成功治理台灣的指標。不僅日本朝野對此議論紛紛，世界各國亦抱持高度的關切。台灣人之間也開始謠傳，日本人來了以後，就不能再抽鴉片了，這更激發台灣人原已存在的反日情緒。而急於取得治台成效的日本政府內部，也以嚴禁論爲主流。後藤新平認爲施行鴉片嚴禁政策，不僅需要增派兩個師團的兵力，而且實際推動上有困難，因此主張合理的漸禁政策。爲了避免鴉片吸食風氣擴散，限定唯有成癮者才可吸食，而且將鴉片的製造與販賣定爲總督府的專賣事業。得自於鴉片專賣的利潤，則轉用於興辦各項衛生事業；此外亦投注於警政與教育方面，希望藉此根絕後患。桂總督時期即已採納此項鴉片漸禁政策，並且立即實行。在日本治台的五十年間，這項政策成功地消滅了台灣人吸食鴉片的惡習，博得世界各國的讚賞。

生物學的原則

兒玉與後藤這對絕佳拍檔於一八九八年（明治三十一年）三月抵台赴任。在新任總督的例行施政演說之前，兒玉總督特別與後藤新平交換意見。

「我認爲並不需要舉辦這種演說！」後藤開門見山地說。

「爲什麼？」連身經百戰的兒玉總督也被他的說法嚇了一跳。

「過去的樺山、桂與乃木總督都曾經舉行類似的施政演說，但還不都是一些案頭文章，逕說些空洞無聊的事！」後藤直率答道。

「可是，如果大家還是堅持非辦不可呢？」

「那就請總督對大家宣佈，將採取生物學的原則治理台灣。」

「什麼是生物學的原則呢？」

「簡單說，就是尊重本地人民舊有的習慣。因爲突然間要將水裏的魚兒趕上樹，原本就是辦不到的事！」

「原來如此！」兒玉總督這才恍然大悟。

兒玉總督的施政方針表面看來似乎漫無方向，然而對於前三任總督毫無計劃的統治方式卻是最嚴厲的批判。兒玉首先舉行大規模的實地調查，藉由各種科學方法對台灣的現況進行瞭解，結果在各個領域都有令人驚訝的成果。他最常掛在嘴上的口頭禪：「第一是人才，第二也是人才，第三還是人才！」爲了招攬有能之士，後藤不惜委身以求，同時對交付的工作採取百分之百信任的態度。當時總督府所募集的人才，包括主計課長祝辰巳(明治廿五年東大法學畢業)、土地調查局暨專賣局局長中村是公(明治廿六年東大法學畢業)、殖產局暨糖務局局長新渡戶稻造、土木局局長長尾半平，以及舊慣調查會的岡松參太郎博士(京大教授)，堅強陣容由此可見一斑。而他對於辜顯榮的信賴，也與其愛才惜才的作風有關。

「官匪」及「土匪」的肅清

然而在展開經略台灣的大計之前，有兩項必須克服的首要障礙。其一爲官僚主義，其二則爲「土匪」。當時台灣官僚的腐敗之風可說已到令人難以忍受的地步，乃木總督甚至曾無奈地表示：「打土匪固然要緊，但是眼前恐怕打官匪要來得更重要！」兒玉總督上任之後，對於一干庸吏冗員毫不留情地進行徹底整頓與裁撤。當時台灣的官員人數合計約有數千名，其中遭到免職者竟高達一〇八〇人，上自敕任官，下至判任官與特聘人員，皆難逃這波肅清行動。當時由台灣駛往門司的定期船班上，幾乎每艘都載有數十至數百名的免職官吏，光是從這一點，便能看出兒玉總督整飭官紀的決心。

後藤對於抗日的「土匪」採取懷柔的招降策略。主要目的在於壓抑專橫的軍部勢力，並以擴充民政爲優先。事實上，早在兒玉總督商請後藤新平出任民政長官（最初稱為民政局長）之際，便已承諾將廢弛軍政，改行民政。在就任當年的五月，兒玉總督在「對陸海軍幕僚參謀長及旅團長之訓示」中，便開門見山地宣稱：「我的職務是治理台灣，而非征討台灣！」他同時還強調，「土匪」有各種不同的類別，過去一味征討的做法，徒然造成玉石俱焚的結果，對消滅「土匪」並無正面的意義。對於時勢造成的「良民土匪」，應該採取招降的安撫政策，即使不得不出兵攻打，也必須由警察部隊負責；唯有在保衛國土的時候，才應該派遣軍隊出動，兒玉總督特別以命令口氣加強最後這一點。另一方面，對於盤踞各地的「土匪」，兒玉總督卻大方地宣示：「今日適逢本總督新官上任，心中亟盼各方土民順服，家家得以團圓和樂。倘若汝等確有歸順之意，可隨時前來總督官邸無妨。如果心有疑慮，本總督願派遣民政長官親身前往，詳聞諸位心聲。」七月廿八日，後藤新平果眞啓程前往宜蘭，主持林火旺、村少花及林朝俊等七百餘名的歸順儀式。繼而錫口的陳秋菊、水返腳(汐止)的盧阿爺、芝蘭(草山)的簡大獅、斗六的柯鐵等，皆陸續率衆降服。對於抗日集團的領袖，後藤新平特別授與紳章(紳士身份的證明文件)，並給予相對應的經濟特權，或是贈與若干授產費，協助其建立安定的生活。相對的，後藤頒佈了極盡嚴苛的「匪徒刑罰令」(明治卅一年十一月)，派隊討伐不願投降的「土匪」，在這種巧妙的兩手策略之下，「土匪」的勢力確實大爲削減。根據當時的規定，抗日的「土匪」集團必須在歸順時向總督府提出詳細的成員名册，因此當其再度謀反之際，總督府都能迅速地加以清剿，於是乎「土匪」的數量急速銳減。一九〇二年(明治卅五年)五月，南部的林少貓被滅之後，原本令人聞之色變的台灣「土匪」幾已消滅殆盡。這也說明國民政府的御用歷史學者爲何將後藤新平定位爲台灣人的仇敵之故。

土地改革

安定、秩序、效率，可說是一個地區能否開發建設的基本前提。在日本領台的前十數年，清國正遭受列強侵略及軍閥割據之苦，人民連基本的生存都受到威脅，遑論進一步的發展與繁榮。與當時的惡劣情況相比，後藤新平治理下的台灣可說已具備現代化的基本條件，這也是後來台灣經濟得以突飛猛進的主因。老實說，台灣的現代化簡直就是日本帝國主義滲透的同義詞，雖然在這段過程中，整體台灣社會承受著莫大的痛苦，但是不可否認地，台灣人的生活水平也首次大幅度地提昇。

台灣的現代化可說肇始於土地改革與貨幣、度量衡制度的確立，繼而在現代化企業資本導入之後，台灣終於發展成日本的南進基地，是大日本帝國不可或缺的重要一環。此外再加上社會與文化事業各方面的推進，台灣遂得以轉型爲完全現代化的社會。

土地改革事業是將封建時代的生產結構現代化的基本前提。幾乎所有現代化國家都曾歷經這種陣痛。然而在清帝國時期，連在大陸上都無法推行土地改革，遑論孤懸海外的台灣(有關劉銘傳清丈事業的失敗，請參照「能吏列傳」(3)劉銘傳)。台灣當時的土地制度，絕大多數土地係掌握於墾首(khúnsiú)或業主(giàqcú)之手，而這些大租戶往往將土地再貸予墾戶(khún-hōu)，並收取十～三十%的大租(tuācou)。而墾戶又將這些土地租給稱爲現耕佃人(hiā-nking-tiānrǐn)的佃農，並收取四十～六十%的小租(sióc̆ou)。由此可知，當時台灣的土地普遍存在著封建式的雙重所有型態。所謂的大租戶早已與土地疏離，且其子弟多過著淫樂安逸的生活；而勤勉奮發的墾戶則逐漸取得土地的實際掌握權。但是在課徵田賦或進行土地交易時，往往無法明確地得知土地所有者，這對於土地的管理與利用，實為一大阻礙。

後藤新平為了「徹底清查地籍(土地調查)及人籍(戶口調查)」，「確立諸般行政之基礎」(見致兒玉總督之進言書)，於赴任台灣當年，亦即一八九八年的九月，便設立了臨時台灣土地調查局，並且親自出任局長，儘管當時台灣社會尚處於動盪不安的階段，他仍堅持及早展開土地調查事業。《台灣統治志》的作者竹越與三郎曾經對此表達衷心的欽佩：「令人不禁讚嘆，這確為巨大且具備科學精神的事業！」他同時還批評：「與此相形之下，明治七年的地租改正(日本本國)，不免令人有兒戲之感。」

土地調查於一九〇四年(明治卅七年)春天完成，不僅使日本人充分瞭解台灣的地理與地形，增加維持治安的便利，同時還揭發了大量的隱田，使台灣的耕地數字大為增加。日人於測量之前，曾預測台灣的耕地面積約為卅六萬六千餘甲，沒想到實地測量的結果，耕地總面積竟高達六十六萬三千餘甲。調查告一段落之後，政府決定向大租戶收購土地所有權，並以公債作為補償，然後將原有的小租戶視為真正的土地所有者，並由其負擔政府的稅金。總督府也藉此機會提高地租，因為在土地改革過程中，小租戶是實質的得利者，可藉這個方式將部分補償負擔轉嫁到小租戶身上。由於土地的權利關係得到明確劃分，因此土地的交易獲得充分的保障，日人資本的土地投資與企業設立也進一步得到發展的機會。

貨幣及度量衡的統一

生產物資的商品化實爲社會經濟現代化的前提。商品的生產與交換，須建立於各種商品的數量基準上，而貨幣則象徵其具有的價值，度量衡則用來表示其物理性質的大小。然而在清帝國時代，台灣流通的貨幣以及交易的度量衡標準極端複雜，令人莫衷一是。

在貨幣方面，俗稱「番銀」的荷蘭及西班牙劍錢、圓錢、方錢（番餅）、中錢及芠仔銀等，在清帝國統治的兩百多年間，皆廣泛地流通於台灣島上。一八五三年（咸豐三年），台灣開始鑄造如意銀、劍秤銀及老公仔銀（壽星銀）三種貨幣，統稱爲台灣紋銀。在清帝國時代後期，俗稱龍銀的光緒元寶也開始流入台灣。此外，如墨西哥銀幣（鷹銀、鳥銀）、香港銀幣、美國貿易銀幣、法屬安南銀幣及日本銀幣等，也普遍在市面上流通，充分反映出台灣殖民地經濟的特色。由於通貨的種類過於繁雜，人們使用時往往不得不又啃又刻，或是拿出秤子，錙銖必較，甚至還扔進水裏測試純度，光是爲了衡量貨幣的價值，便令人傷透腦筋。

至於度量衡方面，混亂與不合理的情形遠較貨幣爲甚。由於清帝國的行政管轄力量薄弱，除了規定租稅須使用統一的度量衡之外，其餘皆依照台灣人民原有的習慣，可說極爲放任。加上台灣的海陸交通不便，並未形成連貫全島的大型貨物集散市場，大多僅侷限於小範圍內，形成北、中、南各地獨立的狀態，度量衡的標準亦各自延續舊習，只有極少數標準得以統一。再加上民間十分流行私製量具，使度量衡的紊亂程度更形惡化，令人不知如何著手改善。

貨幣改革始於一九〇四年（明治三十七年）九月，由已開業的台灣銀行發行紙幣兌換，回收了向來極其混亂的銀幣。最初紙幣不受歡迎，但由於可以自由兌換，因而得以確立民衆對台銀券的信賴。

一九〇〇年（明治卅三年）十一月，台灣度量衡條例頒佈，是爲度量衡改革的開始。首先規定鴉片承銷人、食鹽販賣業者及公立市場內，一律禁止使用舊有的度量衡器具。一九〇三年（明治卅六年）十二月底，更進一步全面禁止使用。經過如此循序漸進，與日本內地相同規格的量具終於普及台灣島上各個角落。在這項度量衡改革的過程中，台灣社會並未出現任何反彈，毋寧說是台灣人引頸企盼的德政。

成功的台灣經營

兒玉總督與後藤新平的理想，是希望將正處於蓬勃發展中的日本產業資本順利導入台灣，開發台灣的各項資源。從這個觀點來看，之前所推動的各項事業只不過是初期的基礎工程罷了。

在糖業振興方面，由三井家與毛利家共同集資一百萬圓，於一九〇〇年（明治卅三年）十二月成立了龐大的台灣製糖株式會社，並於橋仔頭興建產能二百萬噸的新型製糖廠，台灣糖業王國的基礎於焉成立。

至於稻米的增產方面，總督府農事試驗場於一九〇三年（明治卅六年）成立，之後即積極從事品種改良。日本領台初期的稻米年產量僅一五〇萬石，在耕作面積增加與各方面條件提昇下，一九〇〇年的年產量增加為二一五萬石，一九〇五年（明治卅八年）更成長至四三五萬石，已開始將餘米銷往日本內地。

此外，如製茶、林業（阿里山林場發現於明治卅二年）、畜牧、礦業等各項殖產事業，亦皆肇始於這段時期。

職是之故，台灣的經營與建設漸次步上軌道，財富亦急速累積，在一九〇四年（明治卅七年）度的七十萬圓補助款之後，台灣便未再拿過日本政府的任何補助，台灣的財政正式邁入獨立的階段。以下列出當時台灣的歲入預算表，以供各位讀者參考。

領台之後不到十年光陰，國庫的補助款已累積達三千萬圓，日本當局的壓力可想而知，因此當台灣的財政得以獨立之際，日本政府可說放下了心上的一顆大石頭。反觀法屬印度支那的情況，從一八八七年到一八九五年的八年之間，法國的國庫總計撥出七億五千萬法郎（三億餘圓），此外還發行了八千餘萬法郎的公債，直到進入二十世紀之後，其財政才慢慢獨立。相較之下，後藤新平的台灣經驗確實令人刮目相看。

但是從台灣人的角度來看，日治時期的橫徵暴斂卻也是不爭的事實，這一點史明先生也曾經在其《台灣人四百年史》中提及。當時日本國民每人須負擔的稅金爲三圓三十四錢四厘，而台灣人卻須負擔四圓五十五錢四厘，而法屬印度支那的平均稅金不過才二圓十八錢。

前文提及的竹越氏在聽到這種論調的時候，曾經對某位台灣人提出反駁：

「清帝國統治下的正式稅賦或許較日治時期爲輕，但是清國官吏強索的賄賂卻遠勝於此。」

「官僚索賄的確不容否認，但是他們的對象多是富商豪族，而非一般庶民。而這些被迫捐輸的富賈，也大都能換得一官半職，因此並未引起太大的反彈。」那個台灣人如此回答。

「不過，一般的台灣人還是逃不過土匪的勒索吧！」

竹越再補上這麼一句，此時台灣人無言以對。

然而竹越並未就此滿足，他還強調台灣在進入日治

年　　度	台灣收入(圓)	公債(圓)	國庫補助(圓)	合計(圓)
明治29年度	2,710,000	0	6,940,275	9,650,275
明治30年度	5,320,000	0	5,959,048	11,279,123
明治31年度	8,250,000	0	3,984,540	12,234,540
明治32年度	11,750,000	3,200,000	3,000,000	17,950,000
明治33年度	14,900,000	5,500,000	2,598,611	22,998,611
明治34年度	13,800,000	4,864,282	2,386,689	21,051,071
明治35年度	19,497,000	4,740,000	2,459,763	26,697,342
明治36年度	20,037,532	4,068,751	2,459,763	26,560,047
明治37年度	22,333,115	3,500,000	700,000	26,533,115

時代之後才開始有便利的火車、寬廣的道路、良好的治安、公平的法令，以及平穩的物價等，爲了推行這些新政，確實需要龐大的經費作爲後盾。據說那個台灣人只好唯諾地答道，日本的確爲台灣帶來了寶貴的現代化文明。

最近，在日韓兩國的戰後談判中，由於韓國對日本提出求償的要求，雙方鬧得不可開交。事實上，許多日本人認爲，經營朝鮮反而爲日本帶來不小的損失。筆者對於朝鮮的詳情並不瞭解，但是就台灣的經營而言，日本確實大賺了一票。在此先以明治廿九年到明治三十五年間的損益爲例，這段期間，國庫撥出的補助款項合計二七三〇萬圓，是爲母國直接付出的投資部分。而明治三十年，台灣輸往日本的產品金額爲二一一萬圓，由日本輸入的部分爲三七四萬圓，兩者合計爲五八五萬圓。到了明治三十五年，台灣輸出的部分爲九七〇萬圓，由日本輸入的金額爲八五五萬圓，兩者合計達一七六二萬圓，成長達三倍之多。總計這六年來的雙邊貿易金額，高達七四一九萬圓。包括帳外往來的部分，粗估爲二十％，如此則增加爲八九〇四萬圓，其中日本本國所獲得的利益，至少應在十五％上下，推算可得一三三五萬圓。另外，因爲總督府施行樟腦專賣制度，使原已瀕臨絕境的日本樟腦產業再度起死回生，而且價格大爲上揚，由明治三十二年到三十五年之間，日本從製樟事業所取得的利益便高達一八五萬圓之譜。兩者合計爲一五二〇萬圓，如果我們將二七三〇萬圓的國庫補助款視爲企業的投資額，一五二〇萬圓的獲利已高達五十五％，倘若將台灣的經營視爲一獨立企業的話，創業七年而有如此成績，實屬難能可貴。更何況自從明治三十七年之後，台灣便未再接受日本國內的補助款，接下來長達四〇年的統治期間，完全是日本單向獲利，由此可見，這或許是世界上最成功的殖民地經營，台灣人應更有理由向日本人提出求償要求才對。

然而從比較客觀的角度來看，後藤新平對台灣的建設，確實將台灣從一個毫無效率的封建社會改造成快速發展的現代化社會，同時將原本封閉的資源開發出來，創造出更多的財富。在此社會轉型的過程中，台灣人或多或少也分得一杯羹。

協助孫文

最後值得一提的是，兒玉總督與後藤新平這對伯樂與千里馬，其眼光絕非僅限於台灣島內的經營，他們曾經積極策劃，意圖將日本的勢力範圍擴展到中國大陸的華南一帶。一九〇〇年(明治三十三年)五月，華北爆發義和團事件，兒玉總督曾試圖趁此機會於八月在廈門發動事變，一舉打下華南的江山。原本這是日本政府當局批准的計劃，無奈在起事前一刻，計劃被迫中止，兩人不禁為之扼腕。

此一廈門事件，與孫文的三州田・惠州起義有密切關聯。孫文在推動中國革命的過程中，確實曾經獲得日本的援助，這點是不容抹滅的史實，這也是為何中共稱孫文為日本帝國主義傀儡與走狗的原因。一九〇〇年六月，孫文由日本出發，途經香港、新加坡等地，最後來到台灣，試圖由台灣偷渡回中國。此時，兒玉總督與後藤新平聯手策劃三州田・惠州起義。孫文決定先派遣鄭士良潛入惠州，伺機發起暴動，然後自己再利用兒玉總督所提供的人員及彈藥，適時前往支援。無奈惠州起義爆發後，日本政權旋即更迭，新任首相伊藤博文的中國政策與前任者南轅北轍，因此立時中止出兵廈門的計劃，同時還禁止兒玉總督繼續支援孫文。孫文曾經在「山田良政建碑紀念詞」中提到這一段：

識者皆云，惠州的失敗實乃非戰之罪。倘日本政府能遵守前內閣之方針，兒玉不於中途變卦，持續援助我輩之行動，並且不中止對我輸出武器與兵員，余之潛返內地計劃亦不致失敗。若能得到利器支援，加上軍事專才之指揮，我輩之士氣將更加提振，一鼓作氣，天下將無可限量……

由此可知，兒玉與後藤的支援不僅是惠州起義的原動力，更是左右其成敗的主因。

以道德的標準而論，不管殖民地的統治創造出多大的成果，都必須接受無條件的非難。然而，以世界史發展的一個階段來看，殖民地體制似乎是個必然歷經的過程，我輩仍有必要針對其個別的施政及策略，進行詳細的比較與研究，給予客觀的評價。本文即爲其試論之一。

〔參考資料〕

鶴見祐輔著《後藤新平》四卷（昭和十三年發行）；信夫清三郎著《後藤新平—科學的政治家生涯》（昭和十六年九月，博文館發行）；宿利重一著《兒玉源太郎》（昭和十七年一月初版，十八年六月四版，國際日本協會發行）；竹越與三郎著《台灣統治志》（明治三十八年九月，博文館發行）；井出季和太著《台灣治績志》（昭和十二年二月，台灣日日新報社發行）；王一剛著〈台灣武裝抗日史序說〉（《台北文物》第九卷第四期所載）。

（刊於《台灣青年》二十三期，一九六二年十月二十五日）

〔附〕後藤新平年譜

年份	年齡	事項	關係事項
1857 安政4年	1	生於岩手縣水澤市	
1872 明治5年	16	入福島小學校第一洋學校就讀	
1874 明治7年	18	入須賀川醫學校就讀	
1877 明治10年	21	受僱爲大阪陸軍臨時病院醫師，名古屋鎭台病院醫師	西南戰爭爆發
1881 明治14年	25	任愛知縣病院院長	
1882 明治15年	26	於歧阜爲板垣退助醫療	自由、改進兩黨成立
1883 明治16年	27	任內務省衛生局技師。涉入相馬事件	
1888 明治21年	32	發表《國家衛生原理》，爲社會政策國家論的基礎	
1889 明治22年	33	受邀出任慶應義塾大學塾長，前往德國留學	
1890 明治23年	34	發表《衛生制度論》，將社會政策理論體系化，爲傳染病研究所之成立奔走	
1892 明治25年	36	學成歸國，出任內務省衛生局局長，因相馬事件被收押	
1894 明治27年	38	獲判無罪	甲午戰爭
1895 明治28年	39	出任臨時陸軍檢疫部事務長官，提出「有關台灣鴉片制度意見書」	
1896 明治29年	40	向議會提出恤救法案、救貧法案等，並出任台灣總督府衛生顧問	
1898 明治31年	42	起草「台灣統治救急案」(1月)，出任總督府民政局局長(3月)，提出土匪招降政策，爲台灣民政化的確立而努	

			力(5月)，兼任臨時台灣土地調查局局長(9月)	
1899	明治32年	43	任台灣銀行創立委員(1月)	台銀創業(9月)
1900	明治33年	44	策劃廈門事件，援助孫文的三州田起義(8月)	義和團事件(5月)
1901	明治34年	45	展開台灣舊慣調查	
1902	明治35年	46	赴歐美考察	台糖創業(1月)
1904	明治37年	48	向桂首相提出軍國經營策略	日俄戰爭
1905	明治38年	49	漢鮮旅行	
1906	明治39年	50	高倡北進南行論，就任滿鐵總裁，辭去民政局長一職	滿鐵成立，兒玉源太郎去世
1907	明治40年	51	晉謁西太后，開發撫順煤礦，開始運行寬軌鐵路	
1908	明治41年	52	訪問俄羅斯，辭去滿鐵總裁職務，出任第二次桂內閣之遞信大臣，並擔任鐵道院總裁	
1916	大正5年	60	出任寺內內閣之內務大臣，兼任鐵道院總裁	
1918	大正7年	62	轉任外務大臣	西伯利亞出兵
1920	大正9年	64	擔任東京市市長	
1922	大正11年	66	成爲童子軍總裁	
1923	大正12年	67	受山本內閣延攬入閣，出任內務大臣，並擔任帝都復興院總裁	9月關東大地震
1928	昭和3年	72	訪問俄羅斯，並與史達林會面	
1929	昭和4年	73	因腦溢血逝於京都縣立病院(4月13日)	

想起連雅堂

一

余台灣人也，能操台灣之語而不能書台語之字、且不能明台語之義，余深自愧。夫台灣之語，傳自漳、泉，而漳、泉之語，傳自中原。其源既遠、其流又長，張皇幽渺、墜緒微茫，豈眞南蠻鴃舌之音而不可以調宮商也哉！

余以治事之暇，細爲研究，乃知台灣之語高尚優雅，有非庸俗之所能知；且有出於周、秦之際，又非今日儒者之所能明，余深自喜。

這是連雅堂先生的著作《台灣語典》自序中的一段話。

我與連雅堂並未見過面，只根據資料，知道他是台南人，祖籍福建龍溪，生於光緒四年，死於一九三六年，享年五十九歲。名橫，字武公，號雅堂。年輕時嘗去大陸求仕宦之途未果，中年以後定居台灣，從事文筆活動，主編《台灣詩薈》，被奉爲文壇泰斗。著有

《大陸遊記》、《大陸詩草》、《寧南詩草》、《劍花室文集》、《台灣通史》、《台灣語典》等書。曾任國民政府要員之一的連震東氏是他的兒子。

二

《台灣語典》是研究台灣話語源的一本書，其中有許多重要的發現，但也有不少錯誤。因連雅堂先生是文獻家，並非語言學家，此乃無可厚非。若不論內容，我們對他那份認真的態度，實在欽佩。

在連先生多數的著作中，均貫穿着強烈的台灣人意識以及鄉土愛。不過，連先生所言的台灣人，與獨立黨所言的台灣人稍有不同。連先生指的台灣人並不是日本人，而是做爲中國人的台灣人，這是在日治時期都見識到的。這在台灣人意識中，由於台灣與中國之間有很深的淵源，所以二次大戰後才會出現熱烈歡迎「祖國」的現象。至於獨立黨所指的台灣人，不是「阿山」，而是與中國人對立的台灣人，這是由於在二二八事件中，被「祖國」出賣，遭到慘痛教訓後才存在的意識。台灣人意識強調台灣與中國大陸不同的特殊性，主張要獨立。

這兩者之間的相同處，是它們都有熱切的鄉土愛，以及對台灣話的關注。這麼說來，台灣人好像在過去六十五年間，一直都是熱愛台灣和台灣話的，但姑且不論是否愛台灣或台灣話，我所接觸到的幾個現象，可以斷言其實很多人並不是眞的熱愛台灣話。

三

要談個人經驗，我是感到羞愧的。每次在台灣人的集會上，一聽到要自我介紹，我就渾身不自在。由於我不會說謊，總是據實說出是在研究台灣話，話一出口，就感覺到大家的熱鬧氣氛一下子冷了下來，然後大家瞪着我，彼此小聲地交頭接耳：原來是做這麼無聊的研究呀！這有什麼好處呢?!

但願這只是我個人的偏見或神經過敏？但如果不是的話，這到底又是什麼現象呢？

的確，今日日本，甚至台灣，少了台灣話也是無所謂的。就算懂得台灣話，也不可能多賺些錢，也不會助長學問。因爲只要能懂日語及北京話就綽綽有餘了。而如果你貿然地說台灣話，就立刻會遭來奇怪的眼光，一旦又聽到是在研究台灣話，難免會被認爲是在消磨時光。

這樣的指摘似乎有些過苛。可是現在大多數台灣人夾雜在日語與北京話之中，仍然使用相當多的台灣話，所以，不能說他們完全否定了台灣話的必要性。

年輕人認爲，只要習得某種程度的台灣話即足以應付生活，並感到滿意。可能的話，我想就此多加研究，但騰不出時間也是事實。

舊時代的人說台灣話，同時夾雜日語及北京話的情形甚少。由於他們對台灣話極爲瞭解，因此一聽到有人要研究台灣話，就露出莫名其妙的表情，嘲笑這愚痴的年輕人：如今台灣話還有什麼值得研究嗎?!

四

對於前述連先生的話，他們不知做何感想？恐怕也只當做是讀書人的愚痴吧。但如有人還要強詞奪理，那麼，我們只好眞憑實據拿出連先生最具權威的身份證明了。

總統令

台灣故儒連橫，操行堅貞，器識沈遠。清廷甲午之役，値棄台之後，眷懷故國，周遊京邑，發奮著述，以畢生精力，勒成台灣通史。文直事賅，不愧三長。筆削之際，憂國愛民，見於情辭。洵以振起人心，裨益世道，足爲今日光復舊疆、中興國族之先河。追念前勛，倍增嘉仰，應明令褒揚，以示篤念先賢，表彰正學之意。

此令

總統　蔣　中　正
行政院院長　陳　誠

中華民國三十九年三月二十五日

拜受優渥褒揚的連氏，也許在九泉之下也會感激涕零吧。而中華叢書委員會體察聖旨，刊行連雅堂全書，使我們有幸得以蒙受餘德而輕易可獲連先生的著作。

然而，如果連先生眞的值得表彰的話，國民政府倒何以忘了連先生最緊要的業績，非要把台灣話消滅不可呢？連先生那麼專心致志研究的台灣話，爾後又會變成什麼命運呢？

五

二次大戰後，台灣幾乎沒有正式研究台灣話的相關著作，台灣省文獻委員會所編纂的《台灣省通志．卷二．人民志語言篇》可說是唯一的了，遺憾的是，這只不過是明治四十年發行的台灣總督府編的《日台大辭典．緖言》的翻譯罷了。

台灣大學有來自大陸的董同龢、周法高、楊時逢等優秀的語言學家；中央研究院有世界知名的趙元任及李方桂，並且也有許多的台灣青年學者，即使政府不積極獎勵，只要給予自由研究的風氣，應該可以產生卓越的成績才對。然而，我們經過漫長的期待也沒有成果，沒想到對台灣話的研究，他們竟然還是以羅常培的《廈門音系》（一九三一年）來代用，然後一臉冷漠，認爲沒有什麼好研究的。

毋庸置疑，台灣話不僅在日治時代，即使在現在也是被置於方言的地位。儘管如此，日本人一統治台灣，就立刻著手研究台灣話。前記的《日台大辭典》與一九三一年（昭和六年）完成的《台日大辭典》堪稱雙璧。在這期間，還相繼出版了岩崎敬太郎的《新撰日台言語集》（大正二年）、劉克明的《台語大成》（大正五年）、東方孝義的《台日新辭典》（昭和六年）、陳輝龍的《台灣語法》（昭和九年）等書，於當時均已達相當的水準。但這並不表示日本人愛台灣話，他們只是藉由編纂台灣話來瞭解台灣人，俾更有效地治理台灣。

用露骨的政治意圖或意識來研究語言是行不通的，它必須具備自然科學的客觀及冷靜，才能有嚴密的記述與分析。這是無法預期利益的。我們現在想瞭解台灣話，不管願意與否，都不得不使用到日治時代的資料，而這些資料，居然尚堪使用。

六

方言的研究，特別是以此方言爲母語的人所做的研究，必然會喚起該語族群的鄉土之愛。國家安定、國民意識強盛之時，方言的研究即使挑起鄉土之愛，自然而然也會牽往有助於和標準語做比較研究的方向，做爲政府來說，應更歡迎而不該阻止。然而，在統治者與被統治者利害傾軋的社會結構之下，統治者勢必強迫使用他們的語言，被統治者則執意要固守自己的語言。

大家應該都感覺得到連先生背後所隱藏的反抗精神。不知道連先生對今日的「祖國」形象是否還抱持內心的高興？而被這樣的「祖國」所表彰，他果眞會打從內心高興嗎？不！應該說「祖國」是眞心地在表彰連先生的爲人與業績嗎？過去的就算了，此後可行不通了。我認爲，我們得要對表彰連先生的「祖國」畫上嚴格的界線才是。

（刊於《台灣公論》四期，一九五九年十二月）

（李菽蘋譯）

謝雪紅的教訓

謝雪紅其人

過年後，謝雪紅即將堂堂邁入六十一歲高齡了，共產黨黨齡也已長達三十年，是一位十分傑出的台灣女性。

正如篇中所附年譜，在謝雪紅的人生高峰期，她曾經一人身兼中華人民共和國諸多要職，可說是衆人公認的重量級台灣籍共產黨員。能夠與她顯赫的共產黨經歷相匹敵的，幾乎絕無僅有。如果眞要勉強算起來，大概只有如今倒戈的蔡孝乾堪與相比。早從江西蘇維埃政權時代起，蔡孝乾便是共產黨的死硬派，他還從軍參與兩萬五千里長征，延安時代更成爲毛澤東的貼身親信。基於此一因緣，他獲得毛的賞識，奉命潛回台灣從事對台工作。不幸的是，蔡於一九五〇年十月廿九日在台北被捕❶。

蔡孝乾被捕後，當然受到極爲殘酷的刑求拷問，甚至在遍體鱗傷的身上塗抹鹽巴❷，要其求生不得，求死不能。我至今尚不得其解的是，究竟是這位身經百戰的老將受不了肉體的苦痛，抑或另有其因❸，使他最後不得不選擇棄共投向國民黨。

這兩位超重量級的台灣籍共產黨員，一前一後，都受到中國人無情的打壓，乃至於扼殺其寶貴的政治生命。不過蔡孝乾因爲落於敵對的國民黨之手，他的遭遇還令人覺得情有可原，但是謝雪紅滿懷希望與熱情投靠的中國共產黨，最後卻成爲鬥爭肅清的對象，這一點讓人百思不得其解。

謝雪紅的罪狀

從一九五七年十二月廿六日《人民日報》與一九五八年一月七日《光明日報》所刊登的新華社消息，或許是瞭解其來龍去脈最簡單的方法。以下即爲節錄報載的幾項重大罪狀❹。

「謝雪紅是極端狂妄的野心家。」

「經常從事反黨反社會主義的活動。」

「謝雪紅自從一九四七年混入共產黨後，至今歷時十年，其間她屢屢以『革命前輩』、『二二八』的女英雄自居，目中無人，唯我獨尊。然而長期以來，共產黨一直對其百般忍耐，希望藉由黨的教育，幫助她有悔改認錯的機會，孰料謝雪紅始終抗拒黨的偉大教育，甚至還利用這次整風的機會，對黨施放許多毒箭，進行不實的攻擊。」

「在大鳴大放期間，謝雪紅利用各種機會搧風點火，批評共產黨員『既無法律，亦無人道，極盡暴虐之能事』，又攻擊黨的統一戰線政策是『只准偏左，不准偏右，凡事只聽信片面之辭』。」

「謝雪紅不僅在北京放火，甚至還到天津、廣州各地，煽動右派分子對黨進行攻擊。」

「謝雪紅還積極阻礙與破壞反右派鬥爭。在今年（一九五七年）全國人民代表大會召開之際，當某位代表要求謝對章伯鈞（民盟副主席，交通部長）進行批鬥時，謝卻表示：『對人不該落井下石，也不該指名道姓地批判，頂多放放空包彈還可以。』」

「當群衆對右派分子沈毅（台灣人）提出要求，要她洩露另一名右派分子江文也（台灣人，後詳）的男女私生活時，謝雪紅卻指責沈毅道：『妳自己身爲未亡人的身份，如果道人男女的長短，簡直就是對自己的侮辱！』」

「當沈毅受到群衆批判之時，謝雪紅不斷地資助她金錢或物資，並且激勵沈毅道：『要學習雜草被踐踏也永不死滅的精神，抵抗到底。』」

「一九五〇年十一月，原本謝雪紅預定出國參加一項國際會議，後來卻因某些因素未能成行，她曾因此事對人埋怨道：『太遺憾了！差一點我就能成爲知名的國際人物了！』」

「謝雪紅積極參與組織活動，目的僅在於滿足其個人的野心。」

「當右派分子瘋狂地攻擊黨的肅清運動時，謝雪紅當然也不例外。她在今年（一九五七年）一月廿二日的政協視察工作座談會上，竟然提出停止肅清運動的提案。」

「在『三反五反』、『土地改革政策』上，她也採取與黨敵對的態度。」

「謝雪紅利用右派分子楊克煌（台灣人，謝的心腹）所寫的一本吹捧自己的書，曾經強迫推銷給全國供銷合作社的陳風龍（台灣人）。那是當時謝雪紅最引以爲傲的資料，還說希望翻譯成日文，拿到海外去宣傳。」

「謝雪紅十分懂得利用地位、恩惠或金錢攏絡人心，同時利用『同鄉意識』，欺騙少數人的感情，藉以培植個人的勢力。」

「根據北京第一汽車零件工廠的王鴻德（台灣人）透露，當他最近提出自願下放的申請時，謝雪紅不僅未加以勉勵，反而強烈地反對，還說『下放實在太可憐了』！」

「雖然謝雪紅很早便參與革命的行列，但是在一九三一年於台北被捕之後，便有變節的傾向，甚至不惜出賣同志，以求取抵贖自身的罪刑。在這次的批鬥大會上，當時曾被謝所出賣的楊春松（台灣人，戰後由日本歸國）也親自到場，敘述當時的實情，謝雪紅當場狼狽不堪，無地自容。」

「謝在出獄之後，即頻繁地與日本特務聯絡，除了經營三美堂百貨店之外，並熱心照料日本軍人，一時間甚至以『士兵之家』聞名遐邇。日本投降之後，謝雪紅經營大華酒店，幹了許多見不得人的勾當。」

「一九四七年二二八事件之中，謝雪紅雖曾在台中參與起義，然而她卻庇護當時擔任台中縣長的劉存忠。最後甚至還捨棄人民武裝軍於不顧，私吞了十萬元公款，與楊克煌相偕逃亡。」

「謝雪紅始終標榜自己是二二八的女英雄[5]，實際上，她只不過是一個二二八的逃兵罷了！」

「更讓人不能忍受的是，謝竟然公開宣稱：『人民政府不信任台灣人』、『台灣人無法理解共產黨，對於共產黨沒有好感』，以及『不願承認共產黨的指導』等狂言。」

如果光從這些罪狀來看，謝雪紅不僅有失作爲一個公人(在共產黨統治下的社會)應有之格，甚至連私人行爲亦不足取，是個不足論道的鼠輩小人。

但是話說回來，世界上本來就沒有完美無缺的人，揭開美麗的包裝後，暴露出來的，往往是醜惡不堪的人性。更何況在我們眼前的，是一位貧民出身，歷經半世紀以上迫害、背叛、地下工作及武裝起義的共產主義鬥士。所謂「光明正大」的人生道路，可說從一開始便與她的命運絕緣。在貫徹主義的偉大前提之下，違背世俗人情的行爲，有時亦在所難免。然而一旦與黨的主流意見衝突時，這些便成爲被剷除異己的最佳藉口，這種做法簡直毫無人性可言。但是，謝雪紅眞的對共產黨沒有一絲一毫的功勞嗎？看來共產黨即使承認她過去確實有所功績，似乎亦不足以彌補她今日天大的罪狀，既然成爲黨內鬥爭肅清的對象，撤銷黨籍、思想改造❻，只不過是應得的報應罷了！反倒是國民黨悼念她的一副輓聯，更讓人覺得不勝憐憫、唏噓——「卅年一覺紅朝夢，贏得逃兵酒女名。」❼

謝雪紅年譜

謝雪紅究竟是什麼樣的出身背景，她一生的經歷又是如何，以下的年譜或可幫助讀者窺見一二。

一九〇〇年　生於彰化❽。乳名阿女，本名飛英❾。兄弟姊妹共七人❿。家境一貧如洗。

一九〇六年　在台中販售香蕉以助家計，無緣就學。

一九一二年　父親過世。

一九一三年　母親過世。

一九一五年　被納爲台中市洪春榮氏之妾⓫。

一九一七年　成爲台南糖廠的女工，與張樹敏相識。洪春榮死後，與張樹敏同居。後來與張氏同赴日本神戶，開設帽舖，閒暇之餘，自修日語及北京話，並學習裁縫。

一九二〇年　返回台灣。在台中開設裁縫店，兼做勝家牌針車的銷售業務。

一九二一年　加入台灣文化協會，開始從事婦女解放運動。

一九二五年　受到當局打壓，潛往上海，並參與五卅運動。與張氏分手後，與任志道同居。入上海大學社會系就讀，並指導上海、杭州一帶的學生運動。後被選拔派往莫斯科東方勞動者大學留學。

一九二七年　由莫斯科返國，經上海回到台灣。

一九二八年　加入日本共產黨台灣民族支部(台灣共產黨)⓬。再度前往上海，爲日本領事館逮捕，解送回台灣之後，因證據不足獲釋⓭。後來於台北開設國際書店，與同志共同奔走，圖謀重建台共組織。

一九三一年　受到前夫張樹敏密告，遭逮捕，被判處十三年徒刑⓮。

一九三九年　因重病獲得保釋。與楊克煌同居，在台中經營三美堂百貨公司，以及大華酒店，繼續進行秘密活動。

一九四五年　日本投降後，往來於台北與台中之間，籌組人民協會⓯與農民協會，並創刊《人民公報》。蔡孝乾(上海大學的同學)潛入台灣後，協助其籌組台灣省工作委員會。

一九四七年三月　領導台中的武裝起義行動，後轉戰於中部山岳一帶。

一九四七年秋　逃往香港。

一九四七年十一月　組織台灣民主自治同盟，被推選爲主席，將總部設於上海。

一九四八年　前往石家莊與毛澤東見面，獲毛大加讚賞。

一九四九年四月　任中華全國民主婦女聯合會執行委員。

一九四九年五月　任中華全國民主青年聯合會副主席。

一九四九年十月　代表台盟參加第一屆政治協商會議，並獲選爲政協全國委員會委員。中共政權成立之後，任中央政治法律委員會委員。

一九四九年底　任華東軍政委員會（後改組為華東行政委員會）委員。

一九五〇年十月　任中國保衛和平委員會委員。

一九五一年十月　任中蘇友協總會理事。

一九五三年四月　全國婦聯改組後，遭免除執行委員之職。

一九五三年六月　全國青聯改組，遭免除副主席之職。

一九五四年下半年　遭免除政協全國委員會委員、中央政治法律委員會委員、華東行政委員會委員等職位。

一九五四年十二月　中蘇友協總會改組，遭免除理事之職。

一九五七年上半年　利用鳴放運動的機會批評共產黨。

一九五七年十一月　開始遭受猛烈攻擊。

一九五八年二月　遭罷免台盟主席及福建省人民代表等職位。

謝雪紅的反擊[16]

當謝雪紅遭批爲「污泥中的女人」時，她曾經提出如此的反駁：

「以共產主義者的人生觀來看，這種污泥中的日子，不正是無上的光榮嗎？如果説這也算是我的罪狀的話，那現在黨的指導幹部們，不論男女，豈不是深陷在比我更嚴重的污泥之中嗎？爲何他們在污泥中過日子便是光榮，而我在污泥裏卻變成罪惡？像陳學昭（女作家，浙江省文聯副主席，政協委員）這種出淤泥而不染，既不像我這麼有『同志愛』，也不會去開酒家的好女人，卻被你們批鬥爲封建思想的餘孽呢？究竟是她的做法正確，還是我的做法有錯？或者是我對她錯呢？毛主席曾經説過，凡事必須講個是非分明，這件事請一定要給我一個是非清楚的交代！」

當謝雪紅身上的要職被一一無情地解除後，她再度堅定地表態。

「這些職位絕對不是憑空從天上掉下來的！而是共產黨給我的！昨天黨爲了利用我，便把我捧成了天上的神仙，今天黨不要我了，便把我打成十八層地獄的惡魔！……難道這便是無產階級的對人之道嗎？就算資產階級也不至於無情到這種地步，還會爲人保留基本的尊嚴與顏面！」

當謝雪紅受到更嚴厲的批鬥與攻擊時，她仍舊如此說道：

「謝雪紅現在還有所謂的『市場價值』，你們沒辦法抹煞我過去的一切！否定謝雪紅，就等於否定共產黨！我一點兒也不害怕！我跟丁玲（史達林和平獎的得獎作家，在反右派鬥爭中遭到肅清，目前在東北的人民公社養豬）可是大不相同！她在鬥爭中退卻，而我卻選擇反擊。反正到了這個地步，已經顧不了什麼顏面的問題了！人就這麼一條命，最後還不就是死路一條！」

後來共產黨與謝雪紅之間，終於到了必須在政治思想上明白劃清界線的時候。此時她的回應是：

「我與黨之間根本沒辦法劃清界線。毛澤東是主席，我也一樣是主席！我們的工作難道有什麼區別嗎？在我幹主席的工作領域內，毛主席另有他的主張和看法；可是在毛澤東主席負責的工作範圍內，我這個小主席可也有另一番主張。在百分比的絕對數量上，當然是我服從毛主席跟黨的主張佔絕大多數。舉個例子吧！二二八起義是我奉毛主席跟黨命令的行動，過去黨將我捧爲二二八的英雄，而今偉大的領袖跟黨卻要奪回這一切的榮譽；既知今日如此，何不一開始便說毛主席是二二八起義眞正的英雄呢？」

後來共產黨企圖將台盟的工作成效不彰歸罪於謝雪紅個人的無能，並趁機剝奪她在台盟的地位。她當然也不示弱地反駁道：

「這根本不是我一個人的問題！就連毛主席跟整個共產黨，還不是對於台灣無能爲力！連蘇聯也一樣！那又怎能要求我謝雪紅有什麼表現呢？如果眞要我拿出辦法的話，除了不顧面子，將生死置之度外，再一次回到台灣開酒家之外，別無他法。不過共產黨過去曾經批判我幹過一些見不得人的勾當，如今我的年紀已大，我的時代也過去了！究竟我幹了哪些見不得人的事？難道眞的要我現在再回到台灣，在臨死前出個大糗不成？」

對於共產黨將所有滯留大陸的台灣人一律下放邊疆，強迫勞動改造，最後甚至拒絕恢復其原有職位，欲使其終老地方，謝雪紅始終抱持強烈的反對態度。

「這種做法簡直太殘酷了！令人難以置信！台灣人原本生活在亞熱帶地區，光是搬到大陸北方居住，就是一件痛苦的事。如今，黨卻將他們趕到東北、西藏這些邊疆地區，這分明是要他們活不下去。我一直要求共產黨能讓台灣人多留些根在大陸，如今他們已經完全絕望，但是黨竟然要趕盡殺絕才罷休！今天把台灣人下放地方，等於是將飛鳥放進水中，把游魚趕上樹頭。這便是我所謂『下放實在太可憐了！』的意思。難道我說的有錯嗎？我只不過是代表所有在大陸的台灣人，懇求共產黨能手下留情，保住台灣人瀕死的一絲命脈罷了！這樣竟然也被戴上反黨、反社會主義的大帽子！難道共產黨跟社會主義眞的要消滅台灣人嗎？我實在搞不懂共產黨眞正的想法！」

以上便是謝雪紅被要求自我批鬥時，仍舊奮鬥不懈，盡最大力量反擊的鏗鏘讜論。

台盟的性格

台盟即台灣民主自治同盟的簡稱。是一九四七年十一月二十日，由謝雪紅等因二二八事件避居香港的台灣人以及部分原本僑居香港的台灣人所籌組的一個組織。在組織成立的過程中，中國共產黨的建議與支援力量確實不小，但是在組織性格上，與民主同盟、九三學社或國民黨革命委員會等外圍組織相仿。

從謝雪紅提示的「台盟是台灣各階層人民統一戰線的核心」，便可明白看出台盟的性格。對此，她有一套敷衍曖昧的解釋，她認爲：「台灣人民對於共產黨並不瞭解，而且對共產黨也沒有好感，但是對台盟卻有著強烈的好感。」中央音樂院教授江文也曾於日本統治時期留下《新民會會歌》、《大東亞進行曲》，日本投降之後，又譜出了《孔廟大成章》等名曲，他便是台盟的主要成員之一，後來慘遭共黨肅清。他便曾經大力公開主張：「共產黨沒有能力統治台灣，台灣必須實施高度的自治。」甚至他還認眞地提出警告：「如果共產黨眞的解放台灣的話，將再度引發二二八事件！」

謝雪紅要求別人將她寫成「台灣人民之母」、「我們偉大的指導者謝主席」，在台盟華北總支部大會上，更要求全場高呼「偉大的台灣人民領袖謝主席萬歲」。共產黨便以此作爲批鬥的藉口，然而謝雪紅卻反駁道：「對我高呼萬歲不但有其必要，而且是再自然不過的事！」

當李純青、徐萌山、楊春松等共黨潛伏分子混入台盟內部，企圖奪取主導權之時，謝雪紅即主動對大陸的台灣人提出呼籲，甚至還半開玩笑地說道：「你們高山族人應盡可能邀集更多的同伴前來，絕對不能放過這個好好修理他們的機會！」

她還曾經向盟員驕傲地說道：「在東京有廖文毅，台灣有蔣介石，大陸有我這個謝主席！」她的意思是，自己也是反共批共的要角之一。

事實上，從共產黨的角度來看，台盟確實是極端危險的「民族地方主義者」。因此當共產黨對盟員展開肅清鬥爭時，一定會冠上「宗派主義」、「反革命份子」、「漢奸」或「不法資本家」的污名。

當台盟的總部設於上海的時期，謝雪紅本人則滯留香港，並與中共直系的蔡孝乾有密切的聯繫。當時負責總部組織工作的是李上根與王思翔。當台盟逐漸往北京、廣東等地發展時，楊克煌、楊克培(克煌之兄)、郭良、陳昌岱、林政漢、沈毅、江文也、林木順等人皆加入組織的行列，為組織的擴大盡心盡力。他們之間的關係，可說已到達「血肉相連」的程度，以謝雪紅為團結的中心，而謝雪紅也盡最大的力量庇護他們。

肅清的經過⑰

從前面的年譜可以看出，謝雪紅的政治高峰期只持續到一九五三年的春天爲止。後來她便接二連三地被免除許多要職，到了一九五五年以後，甚至連謝雪紅這三個字也難得出現在報章雜誌上了。這是共產黨最擅長的技倆，目的在於淡化民衆對謝雪紅的印象。

在一九五五年之前，也就是一九五四年下半年左右，共產黨任命李純青出任台盟副主席，此時謝雪紅的權力已岌岌可危。當時台盟對外發表文章，都由文筆遠勝謝氏的李純青捉刀。李純青(一九一五～)是福建安溪人，與台灣可說沒有任何關係。他曾經前往日本留學，在日本投降之後，曾經短期駐台擔任記者的工作。然而他在二二八事件爆發前即回到大陸，歷任上海大公報主筆及天津大公報副社長等職，是當時著名的日本問題專家。

此時，謝雪紅連最後的靠山台盟，也在副主席李純青、秘書長徐萌山、華北總支部主任委員陳炳基、理事楊春松的巧妙進逼之下，遭到蠶食的下場，最後她終於在內部的批鬥下黯然下臺。

由於前一年的鳴放運動中，共產黨受到意料之外的強烈批評，因此從一九五七年六月起，中共的態度出現一百八十度的轉變，開始進行旗幟鮮明的反右派鬥爭。在民盟之流的民主派與親共勢力之間，更早已迸出反右派鬥爭的火花。然而直到八月十日，台盟才好不容易發表了一篇整風宣言。在此之前，謝雪紅一直堅持「台盟沒有右派存在」、「所謂整風，還不就是鬥鬥高級知識分子罷了」，她原本希望鋒頭會盡快度過，所以藉此拉起預防的安全網，但是組織裏潛伏的左派李純青、陳炳基等，卻不可能讓她如願。

從九月十四日到廿四日爲止，由李、陳所掌控的整風領導小組召開了漫長的整風工作會議，江文也成爲第一個被批鬥的對象。從十一月十日到十二月八日，又陸續召開許多次工作會議，將沈毅當作整風的對象，強迫她吐露謝雪紅曾經「誣告」台盟各地左派成員的罪狀，藉此燃起內部對謝雪紅的激憤與不平，然後再由楊春松暴露一九三二年謝雪紅「變節」、「背叛」，及二二八後「私吞公款」等秘密內幕。在這段期間，前文曾提及的諸位盟內心腹大將亦一一中箭落馬，孤立的謝雪紅最終也難逃同樣的下場。

從十二月廿六日《人民日報》「台盟聲討叛徒謝雪紅」的記事中，以及一月七日《光明日報》所刊載的「在京台胞集會聲討謝雪紅，一致要求台盟嚴肅處理這個台灣人民的敗類」報導，可看出事情的發展，繼而在一月廿六日的《光明日報》中，更大篇幅地報導了「盟員代表會議決議責令她反省檢討，低頭認罪，並一致擁護共產黨開除謝雪紅黨籍的決定」。

順便一提，當時曾出席攻擊謝雪紅的在京台灣人之中，在日本較爲人知的，有謝南光、洪進山、陳丁茂、田中山、陳木森與黃文哲等人。

前文曾經向各位介紹，謝雪紅在受整過程中仍舊奮力不屈地反擊，比起絕大多數遭受鬥爭的中國人來說，她的表現可說極爲堅強，即使較之魯迅的弟子胡風（一九五五年春），亦不遑多讓。

在中共的強大壓力下，大陸的台灣人變得十分團結，一致對外抵抗共產黨的打壓，或許這便是謝雪紅力量的重要來源。很遺憾地，因爲缺乏具體的資料，無法列舉謝雪紅爲台灣人打拚與付出的事實，但是從她本人的言談口氣中，至少還能感受到那種氣氛。

肅清的眞正原因與教訓

古語有云：「狡兔死，走狗烹，飛鳥盡，良弓藏。」中共之所以託付謝雪紅衆多要職，並對其大加誇讚，主要目的在於將台盟當作解放台灣的前鋒部隊。即便後來無法達成此一目標，中共仍舊希望將謝雪紅當成宣傳的樣板，讓台灣人以爲，即使在中共的統治之下，只要有能力，同樣能獲得應得的待遇與地位，而且台灣人在中國大陸，同樣能過著與他人毫無差別的愉快生活。即使今日謝雪紅已經遭到整肅，這種宣傳手法從無一日間斷，無奈中共再也找不到具有如此高知名度的台灣人了，所以宣傳效果大不如前。目前台盟的主要工作之一，即是鼓吹旅日台灣人回歸大陸，奈何效果不彰，而且響應回歸者的素質參差不齊，始終無法造成全面的影響。

在這段政策搖擺不定的期間，台盟內部也開始產生「地方民族主義」的傾向，差點讓中共偷鷄不著蝕把米。

另一方面，中共的對台政策也出現了一百八十度的轉變。原本共產黨將蔣介石等一幫國民黨要員皆列爲戰犯，試圖呼籲台灣人民群起而攻之，不久事實證明無效。而且中共也發現，台灣內部開始出現要求台灣人自治的暗流。此時中共也難得地放低姿態，表示公開認定的戰犯只保留蔣介石一人，可是令共產黨吃驚的是，國民黨的向心力遠在他們的想像之上。此時，台灣人社會已經公然發出追求獨立的聲音，而流入台灣的中國人之中，也有人開始與台灣人合作，共同思索未來的命運與前途。

到了一九五五年，中共宣佈特赦蔣介石，甚至表示在某些條件之下，願意接受蔣對台灣的統治權。蔣經國更成爲中共口中讚揚的愛國者，至於雷震、胡適等親台、親美份子，則被批鬥爲美國帝國主義的走狗。

此時中共內部的價値觀出現轉變，蔣介石等中國民族主義者成爲共產黨的戰友，而台灣民族主義者卻變成了敵人。

事情發展至此，由謝雪紅所領導、標榜「台灣人民至上」的台盟，可說已失去最後的利用價値了。說得更明白點，甚至已成爲中共的眼中釘。謝雪紅遭到肅淸的經過，對我們實有莫大的教訓。

只要是中國人，無論蔣介石，還是毛澤東，都不願意承認台灣人民的存在，他們只一心一意要將台灣人吸納成中國人的一部分，抹煞台灣人所具有的獨特性。中共成天高喊「解放台灣」的口號，其實眞正的目的只在於台灣的土地與財富，並藉此宣揚中共的威信。至於台灣人民的幸福，根本不在他們的考慮範圍之內。

由這些事情，我們終於發覺，台灣人與中國人之間的鴻溝是多麼深！即使用共產主義思想也無法彌補！如果台灣籍共產黨員有意在台灣實現理想的話，最重要的前提，將是與中國共產黨劃清界線。試想，如果今天謝雪紅是台灣共和國的台灣共產黨主席的話，她就能夠站在天安門的城牆上，與毛主席談笑風生，一同觀賞眼前雄壯的閱兵大典，更能夠堂堂正正地以台灣代表的身份參加莫斯科的共產黨大會。也不會因為保持一點點最起碼的自主性，便遭受到齊得主義或托派的誣蔑！

目前居住在日本的台灣人之中，存在著好幾種或眞或假的共產主義者，如果他們眞的有心要回歸中國的話，最好能將謝雪紅遭到肅清的前因後果徹底研究一番，千萬不要步上謝雪紅的後路。而且到了中國之後，最好將故鄉台灣的種種完全忘掉，好培養出徹底的中國人意識。

萬一害怕自己從小在資本主義社會中成長，應付不了那種硬碰硬的武裝鬥爭，或是沒有接受下放勞改磨練的自信的話，倒不如乾脆留在日本，投身風土民情較為相近的日共行列還來得實際些。畢竟「全世界的勞工團結起來！」是共產黨首創的口號，對於這群人而言，國籍應該不是太大的問題才對！

不過對於盲從的台灣籍共產主義者來說，筆者從謝雪紅的悲劇中所推演得出的教訓，或許只不過是馬耳東風罷了！搞不好還會被人批評爲「對中國共產黨惡意毀謗」，或是「對『眞正的台灣人』的莫名侮辱」。

無論如何，這些都隨他去，畢竟我們無法阻擋這波「回歸祖國」的風潮。或許也有人能夠順利地融入中國的共產社會吧！但是如果經過嘗試之後才發覺苗頭不對，恐怕爲時已晚矣！

【附記】

原本國民黨政府視謝雪紅有如牛鬼蛇神，避之唯恐不及，甚至連名字也不想提起。然而當謝雪紅遭到整肅的消息傳來時，國民黨簡直無法壓抑心中的興奮之情，恨不得把這個消息傳遍整個台灣。

《中央日報》一九五八年一月廿九日的社論中，曾以「謝雪紅的悲哀」爲題，諷刺投共台灣人的愚蠢。其實國民黨眞正的意思，是暗示台灣人唯有國民黨才是最好的選擇。而棄共投向國民黨的一幫台灣人，此時也成爲最佳的宣傳道具，被國民黨拉出來在電台上大作節目，要台灣人民對共產黨徹底死心。

最爲人所知的，便是同年一月廿八日蔡孝乾在電台所發表的一篇名爲「爲反共復國解救大陸同胞而奮鬥」的講稿，其中還列舉各項統計數字，將台灣形容成一個王道樂土。

此外，陳纂地（參照〈二二八的真相〉中虎尾部分）、陳福星、黃培奕、王子英、黎明華、蕭濟寰等人，亦分別在報上發表了〈談談我和謝雪紅的往事〉、〈從謝雪紅被整肅看匪眞面目〉、〈棄暗投明的好時機〉、〈生死一念在今朝〉、〈雪裏紅凋謝了〉、〈一面最好的鏡子〉等文章，以及電台的廣播宣傳。

但是台灣人絕不能忘記的是，在謝雪紅落難的當時，台灣亦存在許多和她命運相同的悲劇人物呢。

〔注釋〕

❶出自《新聞天地》三九二期（民國四四年八月二十日）所載，謝和順〈蔡孝乾與『高饒反黨聯盟』〉一文。

❷根據劉明電氏的談話。

❸根據前出《新聞天地》三九二期內容，可知高崗、饒漱石皆爲反主流派。

❹有興趣的讀者請參照原文。

❺關於謝雪紅在二二八事件中的表現，請參照〈二二八的眞相〉中台中的部分。

❻謝雪紅應該還活在人間，但是恐怕再也沒有機會東山再起了。

❼台北光華出版社《謝雪紅的悲劇》（民國四七年六月廿五日）。以下略稱爲《悲劇》。

❽出自《民族晚報》刊載陳綏民著〈謝雪紅哀史〉一文，指的應該是豐原。

❾出自《祖國》二十一卷三期（民國四七年一月二十日）所載，田豈〈謝雪紅被鬥爭的前因後果〉一文。本文之年譜係以該文爲主，以下略稱爲《祖國》。

❿出自《新聞天地》（民國四七年一月十八日）所載，羅裳〈謝雪紅從紅到黑〉一文。以下略稱爲〈紅到黑〉。

⓫謝雪紅在阿嬸的安排下，被蔣渭川氏購爲女婢，十歲時在阿姨介紹下，成爲洪氏的妻妾，無奈洪氏是個平庸的男人，謝雪紅伺機逃出家門，到台中的帝國糖廠擔任女工。（出自《紅到黑》的記載）

⓬指台共在上海成立之事。（出自《悲劇》的記載）

⓭曾被監禁數個月之久。（出自《悲劇》的記載）

⓮當時謝雪紅使用的是山根美子的假名。張氏此舉係爲了報復謝雪紅於上海不告而別的積怨。（出自《紅到黑》的記載）

⓯標榜著「定時勞動」、「自由的保障」等理想，然而受到一九四五年十一月十七日所公佈的「人民團體組織臨時辦法」的限制，被迫停止活動，並於翌年一月解散。（出自王思翔所著《革命記》p.29）

⓰出自《新生報》（民國四七年一月一〇日）。

⓱出自《祖國》一文。

（刊於《台灣青年》六期，一九六一年二月二十日）

台南的二二八與我

始料未及的爆發

二二八事件發生那年，我才剛滿二十三歲，正是一個年輕氣盛的青年，儘管外在的大環境十分嚴苛，卻未曾影響我憤世嫉俗的氣概。然而台灣人的不滿竟會以這種方式突然爆發，的確超乎我的想像之外，事發當時，我也大吃一驚。這場突如其來的民衆革命，旋即面臨徹底失敗的命運，除了至感惋惜之外，不可否認地，我心中也有一股近乎絕望的遺憾。

職是之故，二二八事件在我腦海中並未留下鮮明的印象，回憶起來，只覺得有一種難以言喻的苦楚與心酸。

我與中國人的第一類接觸

我第一次見到撤退來台的中國人，是在一九四五年的十月十日。當時大批台南市民群集在南門小學的操場上舉行慶祝光復大會，有一位張上校穿過密密麻麻的人牆，在典禮中被引介上台，此時只聽見滿場發出震天價響的掌聲，我也是衷心鼓掌叫好的一員。雖然與日本軍的大佐相比，這位上校顯然不夠威風，但是張上校這個名稱聽起來卻也親切。

當登陸的中國部隊抵達台南市街時，沿途擠滿了歡迎的民衆；當時我也側身其中，近距離觀察這支來自祖國的軍隊。由於我曾經受過軍事訓練，也有多次在市區行軍的經驗，日本軍的模樣更不陌生，因此心中也抱著如許的期待，但是出現在眼前的中國軍隊卻令人不禁懷疑起自己的眼睛。他們的軍裝參差不齊，行進的腳步雜亂無章，邊走還邊肆意地喧嘩談天，當然我們連一句也聽不懂。整支隊伍看來，說是老弱殘兵也不為過，等到用扁擔挑著兩只大鐵鍋的阿兵哥走過我們的眼前時，所有人都不知道該怎麼反應才好。「怎麼可能會這樣？」「這種軍隊竟然能打敗日本軍？」「這到底是怎麼回事？」大家心中開始浮現一連串的問號，但是在自己還來不及整理這些問題之前，雙眼已經流下感動的淚水。我並不認為我的眼淚是造作的矯飾，當時我只能在內心深處對自己解釋，一定是雙方的游擊戰過於激烈，才會造成這樣的結果吧。

從那一天開始，街頭上的中國兵只能用「氾濫」二字來形容了。從前在學校裏，老師都會教導我們，絕對不能在外面邊走邊吃，事實上也沒有台灣人敢公然做這種丟臉的事，但是這些中國大兵卻對此毫不在乎。因為街上的旅館多已徵收供作軍隊的宿舍，時時可見配劍的阿兵哥站在大街上，讓人覺得有些彆扭。在日本時代，我幾乎少有機會在街上見到日本兵，頂多只在星期天可以見到一些士兵往來於紅燈區的新町，以及平日騎馬在街上巡邏的憲兵。

此外還有一個怪現象，無論孔廟古色古香的紅壁，或天主教堂典雅的白牆，只要有些許可供書寫的空間，許多建築物的牆上都會被人用油漆擅自塗上「民族至上」、「擁護領袖」等字樣。醜陋的字跡刺眼地烙在牆上，我怎麼也想不通為何有人會做這種事。如今回想起來，固然能夠體會中國人這種愛唱高調的毛病，然而在當時卻完全無法理解。

漸漸地，到處都傳出中國士兵欺騙民眾或假扮強梁的風聲。此時也有一些被徵召到中國戰場的軍伕陸陸續續回到台灣來，從他們的口中，聽到的是一個個慘遭虐待的悲慘故事。通貨膨脹的速度簡直像天文數字，日子一天比一天難過。曾經是那麼和平典雅的街道，曾幾何時卻變得荒廢至極，整個世界似乎都變了。此時我內心深處也開始萌生反中國人的思想，不久之後我才發覺，我應該將中國人分為「好的中國人」與「壞的中國人」來看待。

「青年之路」

在二二八事件發生的前一年秋天，我所任教的中學舉行了一場學藝會，當時我也編了一部劇本參與演出，名叫「青年之路」。雖然這場活動名為學藝會，卻與過去日本時代的學藝會大異其趣，完全沒有那種中規中矩的嚴謹氣氛，而是充滿中國風味的做法，將市內最豪華的劇場整個包租下來，同時也開放給所有的市民參加。由於我們學校在本地頗負盛名，而且過去我也曾經編過幾齣劇本，公演的結果相當不錯，算是小有名氣，因此這齣新戲在上演之前便已衆所矚目。其實以當時的社會狀況來看，根本不適合舉辦這種大肆鋪張的建校紀念日遊藝會，不過在中國人的心中，生活與娛樂似乎是兩碼子事。

從劇名便能看出這齣戲充滿政治氣味，我還隱約記得，主角是一個缺乏家庭溫暖的學生，被不良同學帶壞了，竟然從物理教室偷走馬達變賣，結果護弟心切的大哥挺身而出，成爲他的代罪羔羊，親眼看見這一幕，壞學生終於幡然悔悟。

我在這齣戲中特別安排了這麼一幕，在海南島慘遭中國人虐待的台籍士兵，回到故鄉時已成爲衣衫襤褸的乞丐。劇中的他們從舞台右側緩緩踱出，一邊如泣如喚：

「難道這就是祖國嗎？那也算是祖國的一部分嗎？」

「說什麼同胞！難道這就是對待同胞之道嗎？」

此時，有一群天眞無邪的小學生們從舞台的左側登場，還一邊高唱著「光復」歌曲。

「台灣今日見昇平，仰首青天白日淸。六百萬民同快樂，壺漿簞食表歡迎。哈哈到處歡聲，哈哈到處歡迎。」

現實中，這兩事整整差了一年時間，我卻刻意把它們交織在同一幕中。這種極端對照的手法，露骨地傳達出諷刺的意味。結果場內果然爆出空前熱烈的喝采，說歡聲雷動也不爲過。我心中也感覺痛快不已，得意極了。

然而不久厄運便降臨了。學藝會才結束不過幾天，我還未完全從興奮中恢復過來，便被找到校長室去了。只見校長鐵青著一張臉，遞給我一張白紙。定睛一看，原來是教育處來的公文。

內容大意是：根據報告，某月某日貴校在延平戲院所舉辦的學藝會上，有一齣戲劇對政府極盡諷刺之能事。倘若演出內容屬實，則無甚可議之處，因此，爲調查所需，請盡速將該劇本呈交一份至本處。

我吃驚的是，竟然有人混雜在當天如此痴狂的觀衆之中，冷靜地觀察所有人的舉動，而且還寫出檢舉的報告。我開始感到一陣寒意襲來心頭，不知道將面臨什麼樣的命運。旋即一想，自己也算是個藝術創作者，怎可如此輕易向政治力低頭，心情開始轉爲一種試圖反抗的義憤。

校長忍不住迸出一句：「這到底是怎麼回事？」看得出他眞的爲我著急。說句良心話，這位校長在「阿山」之中，可說是難得一見的正人君子。

「那天晚上，我也去看了那齣戲，說實在的，士兵們從海南島返國的那一幕，眞的把我給嚇了一大跳！不過從整齣戲看來，確實相當具有教育性。不過我想跟你打個商量，是不是願意把那一幕整個刪掉，還是重新改寫之後再送給教育處……」

「不成！這可是藝術作品。」

「這個我知道，但是這一次能不能請你稍退一步……不然的話，我們兩個都會惹上大麻煩。王老師！你還不瞭解中國人的社會，只要我們稍微變通一下，讓教育處有個台階下，我保證他們絕對不會追究！」

到了這個地步，我也只能選擇讓步了，俗話說「入境隨俗」，我最後終於坦然接受這位廣東籍校長的忠告，讓這個事件圓滿落幕。

在二二八事件的餘波稍微歇止之後，我才得知自己也是黑名單人物之一，差一點就永遠從這個世界上消失。我想，包含「青年之路」在內的一連串戲劇活動應該就是致命的導火線。此外，我與作家楊逵（目前生死不明）過從甚密，也曾協助台大左翼學生所組成的「麥浪歌詠隊」（據說這批學生後來被蔣經國一網打盡，全數遭到槍斃）在台南市的公演活動等，對彼等而言，這些證據已十分充足了。

成為鼓譟人群中的一員

二二八事件發生的消息傳到台南的時間稍有延遲，不過聽到這個消息的時候，我的內心確實非常興奮。

如果我沒記錯的話，那是三月一日或二日的下午，我到市內最熱鬧的商業區——大正公園一帶去瞭解狀況。過去的州廳、州參議會館、警察署、消防署、測候所以及博物館等都密集在這個地區，這些莊嚴肅穆的建築物如今都已被市民軍佔領。無數的市民湧到街頭上，興奮地大聲叫嚷著。

「海南島復員者馬上到〇〇集合！」

「舊陸海空軍士兵請分別到〇〇登記！」

「有一艘阿山的船在運河裏被燒了！」

擴音器的聲音在頭頂上轟轟地迴響著，播音員操著摻雜台語與日語的混合語言。有些民衆不知從哪裡弄到武器，或在西裝上背負著長長的日本刀，或在肩上扛著短型的騎兵槍，個個都意氣昂揚的模樣。而原本隨處可見的中國士兵及中國人，轉眼間完全不知去向了，彷彿從未存在這個世界上似的，這一點令我大為驚訝。可是我內心也隱然有些不安的預感，革命哪有這麼容易成功的道理？根據事後的檔案顯示，當時市參議員諸公們正躲在一處秘密地點會商，然而缺乏基層組織卻是他們最大的弱點。

中學生的示威遊行

在二二八事件發生之後，校長將全校所有中國籍教職員都集中到校長宿舍裏，我們則派出若干高中部學生，負責彼等的安全警衛工作。在職員會議上，正反兩方的意見針鋒相對，激辯的場面未曾間斷，最後我們終於決定，教育工作者並沒有政治責任，所以彼等應享有紳士待遇。因此在這次事件當中，本校的教職員沒有任何犧牲者。

過不久的有一天，全市所有中等以上學校的學生們都集結起來在市區示威遊行。他們以台語大聲高喊「打倒貪官污吏！」「撤銷貿易局！」「自由平等！」等口號，但由於缺少遊行可用的行進歌曲，多少有些失色。畢竟在這種場合，唱起日本歌曲顯然不合時宜，而我們所知的中國歌曲又全都是擁護政府的曲子，我心中不由得焦急起來，恨不得馬上能作出眞正屬於台灣人的歌曲。

示威隊伍後來通過高砂町的憲兵隊門前，領隊要求學生們稍微控制情緒，以免發生意外的悲劇，結果隊伍只得靜靜地通過。

無疾而終的《中華日報》接收行動

記不清是示威遊行之前或之後，我曾經在弟弟的一群好友強邀之下，企圖接收車站前的中華日報社，結果卻落得無疾而終的下場。

那段時間，我不是躲在家裏看書，便是到街上窺探時局發展，不過大部分時間都浪費在兩者之間猶豫不決，心情一直定不下來。此時弟弟的一群死黨乒乒乓乓地衝進來，這些年輕人平日便經常在我家出入，他們一進房裏便大聲嚷嚷：

「哇！這下事情可有趣了！可惡的傢伙！一定要他們嚐嚐苦頭！」

「就是啊！接下來可是我們的新時代哩！」

「我們打算去接收《中華日報》！這會兒不發行自己的報紙可不成！」

「德桑！這件事非你莫屬！平常你不是經常發表戲劇批判政府嗎？現在更應該藉由報紙，大大攻擊一番！」

「好啦！走啦！」

禁不住攸攸眾口的熱切說項，我只好匆匆披上外套，跟大夥兒一起走出家門，腳步雖然未曾停下，可是卻始終覺得提不起勁，只好在心中跟自己解釋，這可說是勢之所趨，我也無可奈何。不過這種自我安慰顯然沒有任何效果，我心中早已覺悟，這場行動的責任，我無可逃避。

中華日報社正好位於車站前，與大正公園反方向。到了玄關，推開大門一看，廣濶的建築物中根本沒有半個人影。龐大的輪轉機以及其他不知名的機器，一動也不動地靜止著，一排排的辦公桌上，只見隨處散落的文件資料，整個辦公室靜悄悄地，沒有半點聲響。

「你們看吧！這要怎麼接收？」我忍不住高聲怒斥道。

「……」眾人沈默，一句話也沒說。

「既然這樣！我們什麼也幹不了了嘛！」

向來最積極鼓舞這批文學青年的楊君，突然大聲冒出這麼一句。高分貝的聲音在辦公室裏迴響著，大夥兒開始覺得有些不對勁了。

「不行啦！回家吧！」

不知是誰危顫顫地說著，餘音似乎還縈繞在耳邊，衆人已經倉皇地逃出門外。

中國軍隊造成學校大混亂

二二八當時，台南市並未受到太大的危害，因此當中國部隊開進台灣南部時，市民們所感受到的驚恐實非筆墨所能形容。那天，學校一如平日照常上課，至於躲藏起來的中國教師的課程，則採取併班上課或自習方式。接近中午時分，突然聽見學生們開始喧嘩的聲音，甚至有人已經拎起書包準備回家，走廊上也有不少學生倉皇地奔跑著，學校似乎陷入未曾有過的恐慌之中。我也匆忙奔出辦公室，望向學生們手指的方向，只見後門通往東門町的道路上，中國兵早已散開呈戰鬥隊形，朝學校不斷接近。這下糟了！瞬間一陣難以自抑的恐怖湧上心頭，連後門都如此戒備森嚴，那麼面對車站的正門更不消說了，肯定早就被軍隊封死了。看來我們已成甕中之鱉，但學校可是神聖的教育場所，而且學校方面根本與二二八事件毫無牽連，怎麼會受到這種待遇。下一秒鐘，我已不自覺地狂奔起來，大聲地呼喊著：

「所有人都進教室去！躲在柱子後面，絕對不可以露出頭來！」

在走廊一隅，與C君無意間碰個正著。

他便是在「青年之路」中扮演不良少年的高三學生，平時他總是高唱發動二二八革命，以及打倒阿山的論調，此刻卻只見他臉色蒼白，還渾身發抖。

「害怕是嗎？」

「沒有！只是有點……去他的！」

看見C君失去往日雄風的模樣，我心裏不禁爲他感到難過，但反觀自己，也只是強作鎮定罷了。

幸好中國兵並未闖進學校裏，後來聽人家提起才知道，學校另一側的台南工學院（成功大學前身）才是他們攻擊的目標，他們從學校裏翻出一大堆軍訓用的古董槍，硬是雞蛋裏挑骨頭，強迫校方承認這些武器是參與二二八的證據。這種強人所難的無稽之談，實在讓人無法接受。而這種老舊的古董槍，全島各地的中學裏不知凡幾，更何況根本沒有實彈，哪裏派得上用場。而且早在一年半前，所有槍枝便被國民政權以接收之名，連同兵器庫一起貼上封條了。

親睹湯德章被槍殺的屍體

事件發生後，我見到湯德章被槍殺的屍體躺在大正公園靠近車站這頭的圓環內。他頭部中彈，身上還穿著茶色的西裝，雙手被縛在背後，手臂朝下仰躺著，見者無不唏噓心痛。旁邊是兩名傲然而立的警戒兵，市民們則以屍體和士兵爲圓心，圍成一個大約半徑五公尺的人牆。成群的蒼蠅飛舞在死者的頭部，我從未如此時此刻一般，對蒼蠅那麼深痛惡絕。

身旁有人在我耳邊低聲說道，據說湯德章是從背後被射殺的，屍體原本向前仆倒在地，後來才被士兵們用腳踹開，變成仰望天空的模樣。湯的妻子不忍見他這副凄慘的下場，試圖用布將遺體蓋上，卻遭警戒士兵拒絕，原因是必須讓死者「示衆」，發揮殺鷄儆猴的效果，所以三天之內，誰也不得搬動屍體。

這是我有生以來第一次見到被槍斃的死人。家兄因爲擔任檢察官之故，經常有機會見到各種屍體，我常常半帶好奇地問他，某某人的屍體看來如何如何，實際上內心卻不禁作嘔，覺得這眞是一份令人難受的工作，如今我卻親眼見到眞正的死屍，胸口難抑一陣陣翻騰，好幾次都覺得快要嘔吐。

稍微駐足後，我便急忙離開現場，有些人甚至小跑步地超前而去，只聽見他們口中咕噥著：

「眞可憐！」

「這些阿山做的事情可眞是沒人性！」

「我今天一定吃不下飯了！」

「從今以後，我再也不願經過大正公園了！」

看著他們聳肩而去的背影，我心中也深有同感。

嗚呼！從今天起，大正公園的形象已被破壞殆盡。公園裏原本有一座被人稱爲「石像」(Cioqsiong)的廣場，是市民們散步乘涼的好去處，同時也是戶外放映會的最佳地點。在彷彿多層蛋糕般漸漸高聳的圓環中央，有一座第四代台灣總督兒玉源太郎的雕像，姑且不論他是否爲台灣人民帶來幸福，至少這座石像所在的廣場，確實是台南市民所鍾愛的公共空間，不料中國人竟然將此地作爲刑場，甚至還用來當作屍體堆積場。如此野蠻的行爲，任誰都想不到竟會發生在我們這個文明社會。

不願接受革命失敗

現在回想起來，最令人覺得難以接受的事，要算是屠殺事件發生之後，由於施行戒嚴令，沒有人敢走上街頭一步。所有人都膽顫心驚地躲在家中，害怕隨時會有難以逆料的災難降臨，然而此時，如蔡培火、侯全成、陳天順等御用紳士之流，竟然搭上國民政府的卡車，用麥克風向市民們喊話：

「我們都是善良的中國國民！發起暴動的匪徒們，必須由百姓們主動檢舉！藏匿匪徒者將與匪徒同罪！所以只要發現任何蛛絲馬跡，一定要迅速向警方報案，並且協助逮捕行動！

此外，任何人手上的槍具、刀械都必須繳出，這樣才是善良的老百姓！」

此時此刻，普通市民根本沒有權利在街上行走，然而他們卻有昂首闊步的特權，說實在話，我心裏也有一絲欣羨之情，但是我怎麼也無法接受，他們竟然將二二八稱爲暴動，而且還把參與行動的勇敢市民誣爲匪徒之輩！

爲了預防隨時可能發生的搜查行動，每個家庭都急忙將貴重的物品藏起來。我和妻子也連忙討論，該將僅有的細軟藏匿何處，一會兒覺得應該藏在鞋底，一會兒又覺得該用布包裹起來，塞進盆栽的底座，不一會兒又覺得該藏在床腳的鋼管中，或是書架的後面，最後終於想出結論，把它們塞進枕頭的棉團中，夫婦倆至此才覺得鬆了一口氣，不禁對視戚然而笑。

有關自動繳交槍器刀劍的事，我曾跟膽小的排行大哥有過激烈的討論。

因病過逝的大姊夫由於生前擔任法官，曾留下一座觀賞用的紀念刀。年幼時，我曾經偷偷把它拔出來，想要試試它的刀鋒，結果發現根本切不了東西。但大哥竟然主張把這把刀也交出去，母親捨不得這麼做，我也激烈反對這項決定，堅持這種裝飾品根本沒有供出的必要。無奈大哥始終堅持己見，認爲這可避免一切可能的危險，後來大家終於妥協，決定與其把它交給中國兵，倒不如在家裏處理掉算了！於是這把刀最後被一折爲二，扔進了家中的爐灶裏。

果不其然，後來憲兵隊眞的闖入家中，在三名所謂的嫌疑犯中——擔任台南工學院二二八處理委員會副主任的二姐夫、前往鄉下赴戰的弟弟、及筆者，將性格最爲沉穩的二姐夫給帶走了，關於這件事情的始末，我在〈兄哥王育霖之死〉一文中已有詳細說明，在此不予贅述。

（刊於《台灣青年》十五期，一九六二年二月二十五日）

二二八在台灣史上的意義

紀念二二八的積極意義

各位大駕光臨的日本貴賓！還有各位台灣的同胞們！

我們今天在此舉辦二二八的紀念活動，絕非僅是爲了再度提醒大家二十七年前蔣政權加諸於台灣人民身上的殘暴行爲，藉此鼓動新的仇恨與敵愾之心。

我們在此紀念二二八，眞正積極的意義，是希望再次喚醒昔日鮮明的意識與自覺，在二二八由勝利轉爲挫敗的整個過程中，我們台灣人終於瞭解到：台灣人是台灣人，絕對不是中國人。而且也讓我們有機會再度痛下決心，祖國台灣一定要靠我們台灣人自己來建設！

這種「台灣人是台灣人，絕對不是中國人」的台灣人意識，毫無疑問地，存在每一個台灣人的心中；唯一不同的是，有些人敢於大膽表明出來，有些人則基於種種切身考慮而不得不加以掩飾，有些則還沉眠在心底深處。

話說回來，這並非表示台灣人意識是從二二八之後才產生的。雖然二二八事件在台灣人意識的誕生上確實具有決定性的影響，但是就我個人的看法，事實上早在四百多年以前，台灣人的主體意識便已開始累積在這塊島上的住民心中。

換句話說，當台灣人的祖先被迫選擇逃離飢荒與戰亂連年的中國大陸時，便已埋下台灣人意識的種子。

我們的祖先冒險渡海來台，絕不是爲中國擔任擴張領土的前鋒。雖然四川或湖南人曾在中國政府的獎勵政策下，大舉遷往雲南與貴州等邊境地帶，然而台灣移民的性質卻大大不同。倘若眞要推論起來，移居台灣的行動可說是華人移民南洋的一環。

一般人提起華僑，難免都會產生一種浪漫的異國情懷，然而事實絕非如此。所謂華僑，根本就是中國的棄民，他們無法繼續忍受中國的現存體制，不得不選擇離鄉背井。雖則到異國開拓新天地聽來似乎十分令人嚮往，但是對這群被迫離開家鄉的人而言，心中無不充滿悔恨與矛盾，滿腹的淚水也不知該如何傾吐。如此推演，這群海外移民本質上應該充滿著一股反中國的情緒。

舉一個最明顯的例子，新加坡是舉世聞名的華僑王國，然而當新加坡脫離英國的殖民統治時，卻選擇與馬來西亞組成聯邦，而非宣示成爲中國的一省。由此可知，中國是中國，而華僑是華僑，兩者並不等同。

古來中國對台灣的態度

另一方面，中國政府與人民對台灣的態度又如何呢？

根據史料顯示，至少到西元四世紀時，中國政府已經知道台灣的存在，但是一直到清帝國成立之初，台灣才正式被納入統治版圖。綜觀到明朝爲止的中國史書「二十二史」，僅在《東夷列傳》中記載台灣爲一夷狄之島。

明朝末年，荷蘭首次在台灣建立了現代化的政權，甚且還是明朝默許的。

後來鄭成功將台灣作爲反清復明的根據地，清帝國曾經派遣和平使節東渡，表明自古以來台灣即不屬於中國，希望鄭氏接受「台灣是台灣，中國是中國」的提議，建立獨立的國家。

正如《台灣島史》的作者——歷史學家力斯曾經遺憾地提到，如果當時鄭氏願意接受清帝國的提議，建立獨立的台灣國的話，今天台灣人的命運將完全改觀，甚至連東亞的歷史也將改寫。

無奈鄭氏始終頑冥不靈，堅持高舉反攻大陸的旗幟，迫使清帝國不惜以絕大的犧牲也要將台灣攻陷。

然而衆所周知，清帝國在消滅鄭氏勢力之後，原本打算放棄台灣，最後卻在施琅的勸諫之下打消此意，但是大清皇帝仍舊將台灣視爲匪徒浪人聚集的淵藪，採取極爲嚴格的管制措施，並對台灣住民施行極度的差別待遇。

雖然在大清帝國時代，台灣首度被納入中國政權之手，但其地位僅是福建省附帶的一處殖民地罷了！因此當清國在甲午戰爭失利後，二話不說便將台灣割讓給日本，或許清帝國也有一種如釋重負的感覺吧！

這種事情並非只發生在久遠的封建時代。

第二次世界大戰結束後，蔣政權將好不容易才從日軍手中收復的土地粗略地劃分爲幾個地區，派遣親信進行接收。而台灣亦成爲其手下陳儀的接收區域，提起陳儀其人，早在福建省主席任內便以腐敗無能著稱，而他所率領抵台負責接收的軍隊，更是裝備、素質低落的地方雜牌軍。

由此可以明顯看出，台灣在當時蔣政權的心目中，只不過是可有可無的海外孤島罷了。

陳儀就任後不到一年半時間，台灣人受到無理的政治壓迫，以及經濟上的過度壓榨，整個社會陷入動盪至極的狀況，二二八事件就是在歷史的必然之下爆發的。孰料接到二二八爆發急報的蔣介石，竟然未曾對陳儀的暴政進行檢討，也未對台灣人民有任何謝罪或道歉的行動，反而下令大軍開進台灣島上，對台灣人展開徹底的屠殺與鎮壓，使台灣人民再無反抗之力。

二二八事件後，類似的鎮壓與剝削並未終止。直到一九六〇年代初期，蔣政權仍舊對第三次世界大戰抱持不切實際的幻想，對蔣介石而言，台灣只不過是臨時的跳板，因此在這段期間，蔣氏逃難政權在台灣可謂倒行逆施，毫無施政者的責任可言。

我們絕不受騙

回顧過去歷史的種種，我們可以發現，中國對台灣的態度始終如一，充滿了漠視、冷淡與輕蔑。不僅台灣人本身，即使是世界各國的人士，都必須正視這項嚴肅的歷史事實。

但是直到今天，仍有許多人被中國政府及蔣政權的巧妙宣傳所欺，認爲過去台灣雖然遭受如許無情的對待，但是今天中國政府及蔣政權幡然醒悟，發現台灣在世界舞台上的重要性，將來必定對台灣加倍重視！對台灣人民更加禮遇！您認爲有可能嗎？

政治與化學實驗絕不相同，是不能用試管藥物來檢驗嘗試錯誤的！我們也絕非實驗室裏的白老鼠！這牽涉到台灣島上一千六百萬人民的生死存亡。

問題的關鍵在於，臉皮厚如銅牆鐵壁的中國政治人物胡謅的宣傳口號，與四百年來台灣史上鐵一般事實的累積所得，究竟我們應該選擇那一邊？

近來，似乎台灣籍共產黨人有積極蠢動的情況，爲了讓各位有機會瞭解眞相，在此舉出一位鐵錚錚的歷史證人。

我要介紹的便是台灣共產黨的催生者謝雪紅女士。她生平奮鬥的事蹟，絕非這些「蘋果」

（只有表面是紅色的）共產主義者所能比擬。當時謝雪紅在二二八起事失敗後逃離台灣，潛往香港，經過一段徬徨與思索之後，她最後決定將希望放在中國共產黨身上，隻身進入中國大陸。

沒多久，她卻驚覺到中國共產黨對台灣人的看法與過去傳統的中國人毫無二致。因此她遂大膽地發表批判性言論，諸如「中國人沒有統治台灣的能力」、「中共如果解放台灣的話，將再度引發新的二二八事件」等。結果可憐的她便被無情地加上「地方民族主義者」的烙印，成爲被肅清的對象。

這便是謝雪紅的慘痛教訓！我們必須永遠記取這個教訓！

與中國分離是歷史的大勢所趨

歷史向來都依照自己的方向，在時間的長河中順流而下。這條長河自有其不可改變的方向，從過去的歷史發展中，我們可以約略猜測出其未來的流向。

回顧台灣與中國的交往歷史，有些人難免會產生「乞食心態」或莫名的自卑心理，認爲只要中國人對台灣人好一點的話，一切悲劇都不會發生！然而這種看法顯然是對歷史的嚴重誤判。

如果我們睜開雙眼，誠實地面對歷史的偉大洪流，可以發現在台灣與中國之間，同時存在著兩股彼此抗衡的離心力與向心力，結果證明離心力的力道略勝一籌，而且將台灣拉離中國的加速度愈來愈快，這是絕對不容否認的事實！

暫且撇開台灣的海盜時代不論，從荷蘭時代、鄭成功時代、日本時代，乃至於今日的蔣政權，台灣的歷史命運始終朝向與中國相反的方向。

另一方面，在清帝國統治時期與二二八前後數年間，海峽兩岸似乎出現強烈的向心力作用，將台灣猛然拉向中國那一端。然而兩者之間的關係，正如同清治時期的俗諺所形容的「三年一小反，五年一大亂」，還有在陳儀接收一年半之後，台灣人民以二二八事件提出最沉痛的答案，在在證明台灣人對中國的反感不減反增。

由此可確知，台灣與中國之間的離心力早已遠勝於向心力的作用。

如今，蔣政權仍舊自稱代表中國的正統，對外高唱反攻大陸，對內灌輸台灣人中華文化思想與三民主義教育。由於島外的資訊絕大多數被蔣政權所斷絕，因此這種愚民式的思想壟斷確實有不錯的成效。

弔詭的是，蔣政權「轉進」台灣二十五年後的今天，利用台灣島作爲基盤，已經成功地建立了一個獨立的國家，同時與中國形成強烈的對立狀態。這種做法明顯是爲台灣脫離中國猛著一鞭，究其前因後果，實則矛盾至極，同時也可說是歷史的一大諷刺。

中國的做法同樣也產生因果倒反的結局，表面上不斷高喊著「解放、解放」的口號，實際上等於鼓勵台灣走向獨立的道路，站在歷史發展的洪流面前，中國似乎也只有冷眼旁觀的份。中國政府口中的「無論三十年還是五十年，統一台灣是遲早事」的說辭，表面上是在宣示中國人悠久歷史所培養出來的耐性，實際上等於明白表示，他們對台灣根本「沒法子」、「悉聽尊便」。

從這個角度來看，歷史是堅定地站在台灣人這一邊的，台灣人未來的前途十分光明。

共同建設祖國台灣

近年來，眼見人口比台灣少、土地或文化水準不及台灣的國家都已陸續獨立，我們確實難以壓抑心中那股落寞之情。然而這才是眞正需要忍耐的關頭。

如果每個人在追求擁有自己祖國的驅力下，以爲可以不費一絲功夫，便能輕鬆地去擁抱別人花費幾百年、幾千年歲月才建立起來的祖國，世界上沒有這種白吃的午餐。這頂多只能算是臨時的過客罷了！既然是過客，自然必須忍受各種不便與屈辱。對岸的中國拚命地推銷自己，奢望成爲台灣認同的祖國，但是，自古得來不費工夫者，絕無妥當順遂之理。既然是得自於人家的賞賜，有朝一日必然爲人所收回，鑑諸人類歷史的發展，這種事例實不勝枚舉。

我在此沒有必要再次強調中國絕對不是台灣人的祖國，但是卻有必要提醒各位，蔣政權統治下的台灣，也絕非台灣人應該認同的祖國。

蔣政權必然有其崩潰瓦解之日，屆時包括蔣經國在內，一百五十萬的中國人必須徹底與這片島嶼融合，成爲百分之百的台灣人，如此一千六百萬的台灣人才能同心合力，貫徹一致，爲建設自由民主的台灣祖國而努力。

今天在此紀念二二八事件，我願以此與諸位互相勉勵！

（刊於《台灣青年》一六二期，一九七四年四月五日）

二二八的三大要素

開場白

非常感謝各位能在百忙之中抽空來參加今天這場盛會，本人在此謹致上最高的謝意。

在今天這場二二八革命三十二週年紀念暨台灣時局演講會中，特別從美國邀請彭明敏博士擔任主講，此外日本本部的黃有仁委員長亦將上台報告。

受主辦單位之託，由我負責會前的簡介與開場，因時間安排關係，主辦者特別要求我加長報告的時間，這一點必須先取得諸位的諒解，並請大家耐心聆聽。

由於今天是二二八的三十二週年紀念日，所以我想將彭明敏博士的介紹留到後面進行，先就二二八的相關事項跟諸位作個報告。

蔣政權的態度自始至終從未改變，企圖以相應不理的策略，讓時間來淡化事件的清算問題。而中國方面的態度更明白，一再對外宣傳「二二八起義是在共產黨的指導下發起的」、

「這是台灣同胞期待中國共產黨解放的最好證據」，海峽兩岸的中國人都有一個共通點，那就是完全漠視台灣人眞正的心聲。爲了抵抗中國人這種傲慢蠻橫的行徑，獨立運動者、獨立聯盟都有必要挺身而出，表明我們眞正的主張。

二二八革命可說是台灣史上具有最重大歷史意義的事件。忽略二二八，根本無法釐清今日台灣的現實，不瞭解二二八的前因後果，也無能認清今日台灣人的立場，更不可能理解獨立運動之所以成爲台灣人出路的眞義。

如果要依序說明事件的原因、經過及結果，並且詳盡地進行評論的話，即使說上三天三夜也說不完。所以我想把內容濃縮成三個重點——人的要素、經濟的要素與心理的要素，向諸位簡單報告一下我個人的心得。

人的要素

第一，二二八完全沒有任何預謀，是一件極爲單純的突發性暴動。嚴格來看，歷史上的重大事件絕大部分都是擦槍走火的結果，但是今後我們所必須帶領的新二二八革命，絕對不能再重蹈此一覆轍。

一九四七年二月二十七日傍晚左右爆發，一直延續到翌日的一場台北市的暴動，不出數日，竟擴散到整個台灣，而且在轉眼之間，幾乎所有地區都爲台灣人所掌控。

這眞實地反映出台灣人對中國人的強烈反感普遍積壓已久，最後台灣人的反抗能量終於以這種暴動型態爆發出來；但是令人十分遺憾地，我們也看出當時的台灣人根本沒有任何有力的組織或團體。

回顧當時台灣各地的鬥爭型態，只讓人痛感台灣人過於善良、軟弱，簡直就是一盤散沙。而各地所成立的二二八處理委員會更是雜亂無章、毫無效率的組織。委員會的成員絕大多數都是國大代表、國民參政員，或是來自省、縣、市的參議員，儘管彼等表現出有意爲公衆事務奉獻的態度，但是當陳儀行政長官提出擴大其既得利益的讓步案時，他們便毫不考慮地選擇妥協；後來當局勢發展漸次不利，這些人更爲了保護自身的利益，一個個陣前倒戈，向敵人投降。因爲他們這種力圖自保、曖昧不明的態度，導致二二八處理委員會在任務安排及組織調整上虛耗了太多能量；相反地，在群衆的組織及指導上也起不了什麼作用。

另一方面，血氣方剛的青年學生們一直渴望有能力的領導者出現，但是這個願望顯然落空了。學生們在不得已下所採取的一些盲動行爲，最終也未能獲得群衆的認同。

各地的處理委員會與反抗的青年學生們不僅缺乏橫向聯繫，更沒有縱向組織，自始至終都未能打出統一的戰略，最後終於步上遭中國軍各個擊破的命運。在未來必將到來的新二二八革命中，絕對不能再容許這種致命的錯誤。

目前，已有不少台灣人出任立法委員、監察委員或國民大會代表，任職省、縣、市議員者更多不勝數。一旦反抗革命爆發，毫無疑問地，這群人將自然而然成為站在群衆前面的領導者。問題在於，這些台灣人幾乎都已加入國民黨，我們實在無法期待，當這個歷史性的關鍵時刻來臨時，他們會為建立眞正屬於台灣人的台灣而努力嗎？

相對而言，目前為民主化運動奮戰的黨外政治人物，反倒是比較值得期待的對象。畢竟他們過去的言行作為，確實有值得我們期待之處。話說回來，我們也不能否定，在受強迫加入國民黨的台灣人之中，也有出現勇敢果斷的革命家的可能性，我們終究願意相信，彼等仍未失去作為一個台灣人的良心。

但是根據常理判斷，黨外政治家的確值得我們多一分期待。我們衷心地期待他們有足夠的時間休養生息，儲備足夠的力量，等待那歷史性時刻的到來。

從這個觀點來看，不久之前高雄縣的政治領袖余登發氏遭受蔣政權無情打壓的事件，實為天人共憤的惡劣行徑。二二八事件發生後，歷經長達三十二年的時間，好不容易培養出來的台灣社會領導者，卻再度受到蔣政權無情的摧殘。光是從這一點，我們不得不擔心，他們對於將來可能爆發的人民力量或許早已做好縝密的準備。

然而現今台灣的局勢有一點跟三十二年前大不相同，那便是軍隊的結構。二二八事件爆發當時，陳儀手下的中國軍隊人數並不多，可說是在一種疏於守備的狀況下受到台灣人民龐大能量的衝擊，而且當時軍隊全由來自大陸的中國兵所組成，並沒有台灣兵存在。

如今蔣政權號稱擁有四十萬的「精銳部隊」，其中百分之六十五是台灣兵。絕大多數的台灣人都只能擔任下級士兵，儘管極少數的例外有機會成爲較高職位的軍官，但是實際上的指揮大權仍舊操在中國人手中，這一點與行政機關的情況類似。

而這支百分之六十五由台灣人所組成的軍隊，在關鍵時刻究竟會採取什麼樣的行動呢？會不會接受中國軍官的命令，開槍射殺自己的同胞？還是反而把槍口朝後？這一點有著太多的不確定因素。我們也無法否認，在這種萬一的狀況下，有可能出現爲獨立而戰的台灣拿破崙。如果眞的出現這種人物的話，我們也覺得可以接受。

根據以上的分析，聯盟除了積極擴展本身的組織之外，同時也密切地關注黨外政治人物，以及軍隊的最新動向。

經濟的要素

其次，當時的台灣受到中國人無情地掠奪及剝削，全島人民被逼迫到一種莫名的飢餓狀態。自從一九一一年的辛亥革命以來，中國歷經軍閥混戰、國共內戰，乃至對日抗戰等混亂局面，幾無安寧之日，全國上下可謂荒廢至極。因此，看在中國人眼中，台灣自然是連做夢也無法想像的寶島。

從米、砂糖、食鹽、樟腦、鳳梨到工業製品，都成爲中國人的垂涎目標，在政府和與其勾結的商賈狼狽爲奸之下，一船船地被運往對岸的大陸。任誰都難以相信，較之日本內地更爲豐裕、而且罕遭戰火洗禮的台灣，竟然會陷入物資極度缺乏的窘境，尤其是缺少食用的米糧！我們將台灣人對中國人的激憤之心歸因於沒有東西可吃，應該一點也不過份。

反觀現在，台灣在進入高度成長期之後，被譽爲「亞洲的優等生」，這個實情確也不容否認。只見蔣政權大言不慚地誇耀這是他的善政、德政，然而事情眞是如此嗎？

早在日本統治時期便已奠下深厚基礎的台灣經濟，從五〇年代起到六五年爲止的十多年間，美國平均每年提供台灣一億美元援助，總額合計高達十四億美元。再加上台灣人民較高的教育水準、勤勉的民族性，以及相對上較爲自由的經濟活動，吸收了絕大多數台灣社會的能量，才造成台灣經濟起飛的結果。

但是對我們來說，如何取得台灣人民支持，推翻強調經濟成長與社會安定的蔣政權，進一步建立台灣人的獨立國家，將是未來的重要課題。換句話說，當年那種迫於經濟窘困，在忍無可忍下引爆人民「揭竿而起」的革命方式已難再現。

目前的台灣早已習慣太平生活，社會上充斥著拜金與拜物思想，確實令人倍感憂慮。因此，台灣在此時被迫面對國際壓力，反而有一種來得正是時候的感覺。這裏所謂的「國際壓力」，是指美中兩國去年十二月十六日正式宣佈建交之事。這證明「中華民國」再也行不通了！連美國這個最後靠山也無法蒙蔽鐵一般的眞實，那便是「中華民國」絕不足以代表「正統中國」。到此爲止，幾乎全世界都認定中華人民共和國才是中國，台灣只能成爲另一個不同的獨立國家了。

爲了維持目前高水準的物質生活，台灣唯一的辦法便是抗拒中國併吞，尋求自身的獨立，這一點迅速成爲台灣各界的共識。然而發自此一動機的獨立願望，絕難轉化爲眞正追求獨立的力量。如果蔣政權對外宣傳「獨立會造成中共武力犯台的惡果！即使台灣與美國沒有正式邦交，還是能夠依循日本模式，與美國維持實質外交」，恐怕絕大多數台灣人也都會頷首稱是吧。

我們必須盡力讓台灣人民瞭解，蔣政權的這套說法只不過是自欺欺人的不實宣傳。我們一定要讓台灣人民體認到，台灣人就是台灣人，絕非中國人，讓台灣社會走上積極尋求獨立的光明大道。

心理的要素

第三，以事件發生後不久即爲陳儀所害的王添灯爲首所起草的一份「三十二條要求」，就其內容及精神而論，我們幾乎可以認定它是台灣實質上的「獨立宣言」。另一方面，當時台灣社會的領導階層卻從未放棄尋求南京政府對暴動的理解與同情，不斷地吹捧蔣介石爲英明的領袖，並表明自身對蔣的忠誠。

爲知蔣介石在接獲陳儀的急電之後，只簡單地下了一道命令：「格殺勿論」，關於這一點，在宋高所著的《侍衛官襍記》中曾有詳細記載，而兩個原已準備前往華北戰線的野戰師便因緣際會被派往台灣執行鎮壓任務。

這種誤以爲老子英明的胡作非爲，只不過是底層官僚的認知，事後證明完全錯誤，結果導致起義行動無法一鼓作氣，難逃最終失敗的命運。陳儀跟蔣介石根本就是一丘之貉，我在這裏不厭其煩地再次強調，台灣人絕不應該對中國人再抱持任何幻想。

而「壞的是國民黨，共產黨才值得信賴」的說法更是荒誕無稽。也有人說「毛澤東雖然可怕，但是鄧小平卻容易溝通」，這更是毫無根據的謊言。鄧小平曾經說過一句名言：「不論白貓黑貓，只要會捉老鼠便是好貓！」但是我卻有不同的看法：「無論黑豬紅豬，豬永遠是豬！」

最近還有人傳出這種說法：「王昇、李煥、張寶樹這幫佞臣雖然可惡，但是蔣經國卻是一個民主的人！」這更是天下的一大笑話。

企圖藉由蔣經國之手提出台灣獨立宣言，這根本就是癡人說夢！幻想只有破滅的一天！不可否認，在兩百萬的中國人之中，確實有少數人願意同化爲台灣人，共同打拚建立一個獨立的國家，但是就整體狀況而言，中國人仍舊是台灣的支配階級，其行動往往難逃組織的掌控，因此仍須密切注意。

只要反對台灣獨立者，就是我們的敵人！充滿僵化中華思想的中國人自不待言，擔任中國打手、蔣政權看門狗的台灣人，同樣是我們必須挑戰的敵人。唯有截然明辨敵我，我們才有勝利的希望！

以上是我個人代表聯盟日本本部，針對二二八事件所做的一些分析與報告。

歡迎彭博士

接下來，我們將進入大家期待已久的彭明敏博士的演講。

彭博士於一九二三年(大正十二年)出生於台中縣大甲。父親曾當選高雄市議會議員，乃是地方的名望家。彭博士自年少時即顯露聰穎過人的資質，及長，至京都入舊制第三高等學校，後來昇入東京帝大，專攻國際法。彭博士進入東京帝大時，係昭和十八年的十月，其時我也在同年進入該校的文學院。進入東大的正門，左邊是法學院，右邊是文學院，彼此只隔著一條銀杏步道相望。印象中，我曾聽過彭博士的名字，但是兩人始終沒有認識的機會。

一九四四年，彭博士在長崎遭遇空襲，左臂自肩膀以下完全炸斷。戰爭結束後，他回到故鄉台灣，被編入台灣大學就讀，並於法學院政治系畢業，繼而前往加拿大、巴黎等地留學。一九五四年，取得法國Sorbonne大學的法學博士學位，並成爲航空宇宙法的世界權威。一九五七年，他前往美國哈佛大學國際研究室留學，同時與季辛吉結識。回國後，他隨即擔任政治系的副教授，最後更升任政治系主任。

一九六一年，彭博士以聯合國代表團顧問的身份出席聯合國大會。藉由這個機會，他得以近距離仔細觀察「中華民國」在國際上的地位。據說他在返國之際，心中早已埋下對未來台灣命運深深的憂慮。回到台灣之後，彭博士家中開始成爲年輕學子聚集、討論政治議題的場所，擁擠的盛況有如沙龍一般。六三年，國民黨還將他提名爲「十大傑出青年」，大大地加以表揚，令他覺得有些啼笑皆非。

一九六四年十月二十三日，警備總部對外宣佈，彭博士、謝聰敏及魏廷朝三人遭受逮捕，這個消息震驚了台灣及全世界。這是由於在台灣的美國人，以及加拿大、法國的學者，發現彭博士突然失去音訊，在多方積極奔走之下，才迫使警備總部不得不公佈的逮捕消息，後來甚至還被迫公開軍事審判的整個過程。

事實上，早在消息公佈的一個月前，也就是九月二十日，彭博士便已遭逮捕了。當時彭博士正與助理謝聰敏、魏廷朝等合作起草一份「台灣自救宣言」，企圖以「台灣自救運動聯盟」之名，發送給台灣各界的有識之士，正當近萬份的「自救宣言」接近印刷完成的階段，三人便被警察逮捕，並直接移交給警備總部。

全文六千六百字的「台灣自救宣言」，其大綱可簡要歸納如下：「近數十年來，中國同時存在著兩個截然不同的價值基準。一個是國民黨的極右派價值基準，另一個是共產黨的極左派價值基準，眞正的知識便被埋葬於此，無法發揮其應有的力量。我們必須擺脫這兩個價值基準的桎梏，並且徹底去除對這兩個政權的依賴心理！台灣必須選擇第三條道路——自救的道路！」

一九六五年三月二十七日，軍事法庭以「叛亂罪嫌」將三人提起公訴，經過短短一天的證據調查之後，四月三日即宣佈本案適用「懲治叛亂條例」，將「宣言」的提案起草人謝聰敏判刑十年，彭博士及魏廷朝分別被判處八年徒刑。

當三人接受公開審判之際，現場的旁聽席上除了親友及博士的學生之外，還湧進了來自UPI、AP、AFP、路透社，乃至於紐約時報等全球各地媒體的特派員，判決結果也在第一時間傳播到世界的每個角落。這項判決果然在同一時間受到各國國際法學者及各界人士的非難，認爲這是一種「打壓言論自由的非人道行爲」。最後蔣政權不得不在同年十一月三日下令特赦彭博士，其餘二人則刑期減半。

獲釋之後，彭博士當然無法再回到學校任教，只能待在台北市的家中，與遭受軟禁無異。

這種情況一直持續了五年，在一九七〇年一月，彭博士成功脫出台灣前往瑞典的消息再度震驚了全世界，他也從此投身於海外的台灣獨立運動。

當他離開台灣的消息由獨立聯盟台灣本部傳來時，美國、加拿大、西德及日本各分部隨即同步對外發佈。日本本部是在一月二十三日下午，在OKURA大飯店舉行記者會，當時我也忝為列席的一員，至今還無法忘記當時心中那種激動之情。

當彭博士在瑞典接受Newsweek（《新聞週刊》）記者羅勃訪問時說道：「我們希望台灣能夠成為一個獨立的政治個體。對於台灣原來的住民而言，中國是個不折不扣的外國。唯有打破這個外來政權，建立眞正屬於台灣自己的政府，才能夠避免『兩個中國』的死胡同，擺脫糾纏不清的中國問題。」

彭博士還說道：「如果能夠給我一個月的時間，在台灣自由地巡迴演講的話，我有把握一定能推翻蔣介石政權！」

諸位！彭博士是蔣介石欽點捉拿的要犯，只要協助逮捕，便能領到巨額的賞金。但是一如大家所見，他現在卻好端端地坐在諸位的面前，而且還勇敢地站在獨立運動的最前端。

接下來的一個小時，我們將邀請彭博士為我們演講，相信對大家都會有莫大的啓發。在此要先向各位說明的是，這恐怕是彭博士首度以日語演講，而非他平常慣用的台語或英語，由於已經三十四年未曾開口說日語，若有不盡達意之處，尚請諸位鑒諒。

（刊於《台灣青年》二二二期，一九七九年四月五日）

台灣民主國始末

一、台灣的割讓

一八九五年（明治二十八年；光緒二十一年）四月十七日（舊曆三月二十三日），日本與清國爲解決前年兩國因韓國獨立問題所爆發的戰爭善後事宜，在日本下關的春帆樓締結和約。日本代表爲總理大臣伊藤博文、外務大臣陸奧宗光，清國代表爲總理衙門北洋大臣兼直隸總督李鴻章、首席全權大臣參議李經方（李鴻章之子）。

以下即爲當時雙方簽訂的和約大要：

第一條、清國承認朝鮮的獨立。

第二條、清國將下列地方的主權，及該地所有城堡、兵器製造所、官有物資，永遠割讓日本。

㈠下列劃界內之奉天省南部地區

沿鴨綠江口上溯至安平河口，包含鳳凰城、海城、營口等地在內，以及從此至遼河口之間的地區（這些地區在五月六日的三國干涉還遼事件中，被迫歸還清國）。

㈡台灣全島及所有附屬島嶼。

㈢澎湖群島。

第三條、有關割讓地區界線畫定之事項。（省略）

第四條、賠償金額爲兩億兩，亦即三億圓整，分七年清償，年息五分。但若於三年內全額償還，則免計利息。

第五條、割讓地區的住民若不願繼續居住該地，可自由處分其所有物及不動產，並得以遷離該地區，其緩衝期間從本條約批准交換之日起兩年。超越此期限仍居住於該地區者，則自動視爲日本臣民。

第六條、有關日清兩國間條約簽訂之事項。（省略）

第七條、有關日本軍隊撤回之事項。（省略）

第八條、爲確保清國誠實遵守本條約之規定，日軍得暫時進駐佔領威海衛，若干駐軍費用須由清國支付。

本條約另附帶一項：「日清兩國政府在本條約批准之後，應立即各派一名以上之委員，前往台灣處理臺省讓渡事宜。而且在本條約批准交換之後，應於兩個月內完成讓渡作業。」

五月八日(舊曆四月十四日)，日清雙方在煙台完成換約。五月十日，日本政府隨即任命海軍大將樺山資紀爲首任台灣總督，並兼任陸海軍司令官，亦即台灣讓渡作業之全權委員，伊藤總理同時還訓示了詳細的台灣施政大綱。

五月十二日，陸奧外務大臣透過駐日美國公使向清國政府要求盡速派任全權交接大臣，並且通知日方其官職、姓名，孰料李鴻章以台灣內部發生騷動爲由，表示眼前的讓渡有困難，兩國應對此狀況有另行協議之必要，試圖延緩樺山大將出發的行程。原來當時遼東半島已在三國出面干涉之下，被迫歸還給清國，是以李鴻章在食髓知味下，欲重施故計，拖延台灣及澎湖群島的讓渡作業，期待再度引起列強介入干涉。然而日本政府卻不願再度上當，態度強硬，表示倘若清國不願派出全權委員，日本將用武力強行接收。清國只好於五月二十日通知日本政府，已決定派遣李經方爲全權代表，前往台灣處理讓渡交接事宜。

於是樺山大將亦於五月二十一日在京都的大本營(四月二十七日由廣島移駐此地)中制定了「台灣總督府條例」，設置民政、陸軍及海軍三局，民政局長由辦理公使水野遵出任，陸軍局長由少將大島久直出任，海軍局長由角田秀松擔任。同月二十四日，在文武高官二十九名，同判任官五十六名，憲兵一百三十七名，人夫、馬丁、雜役一百餘名的隨同下，樺山總督搭乘御用船艦橫濱丸，由宇品港浩浩蕩蕩地朝向台灣出發。

在此之前，日本政府即命令原本出征遼東的近衛師團轉往沖繩的中城灣(那霸港)暫駐，等候台灣總督一行到來。五月二十二日，該師團分乘十艘運輸艦，由旅順出發，二十六日順利抵達中城灣。

二十七日，樺山總督一行亦來到中城灣，並在此謁見師團長陸軍中將北白川宮能久親王。另一方面，由海軍中將有地品之允所率領的松島、浪速、高千穗、八重山諸艦所組成的常備艦隊亦由長崎港出發，前往台灣探勘適當的登陸地點。原本樺山總督一行人預定由淡水港登陸，沒想到同月二十八日抵達淡水外海時，先遣的常備艦隊卻遭受淡水砲台的轟擊，總督隨即命令艦隊另尋適當的登陸地點，後來決定由基隆港東北角的三貂角一帶上岸，二十九日，艦隊遂集結於基隆外海待命。

當時，樺山總督曾向大本營發出如下的電報：

依目前情勢觀察，非用兵力恐無法順利鎮壓台灣的反兵。目前暫定由三貂角登陸，二十九日抵達，下官將由此攻略基隆，繼而進軍台北府，倘若能順利擊敗新政府，將可取得暫時的和平。有關本島未來之經營，下官以為不須勞煩尊駕多費心思。

樺山資紀何以受命成爲第一任台灣總督？原因在於樺山過去曾與台灣有深厚的淵源。明治四年(同治十年)十一月，有一艘琉球漁船遭遇海難，漂流到台灣南部海岸一帶，結果五十餘名船員盡皆被牡丹社生番所殺。這個消息後來爲駐守琉球的日本官吏所悉，隨即向鹿兒島縣的大山參事報告；當時的鹿兒島分營長即爲樺山資紀。樺山得知這項情報後，隨即向熊本鎮台及東京的陸軍卿回報；日本政府也在第一時間向清國提出抗議，要求採取必要的對策。孰知清國竟然表示生番乃化外之民，對於彼等行爲，清國政府無法負責云云，雙方的談判因此破裂。日本至此遂認定，征討生番與否，完全取決於日方的自由行動，隨即進行討伐生番的準備。而樺山亦奉命前往台灣，針對當地形勢進行調查。

樺山於同年八月，經由上海進入台灣，並對島內諸般形勢多所探勘，十二月才經由香港返回日本。五日後，更搭乘日本軍艦春日號遍歷華南一帶，再度深入澎湖、台灣等地。以當時的標準來說，樺山這兩次台灣探查之行，可說是空前的諜報行動。

明治七年五月，著名的征台之役爆發，樺山即爲當時征台軍的參謀。

樺山生於天保八年（一八三八年），爲薩摩藩士族之後。他在英艦進攻鹿兒島之役及鳥羽之戰中極爲活躍，後來又從軍參與東征軍的行動，明治四年，因戰功彪炳獲升任爲陸軍少佐。日清戰爭當時，更身居海軍軍令部長的要職，最後歿於大正十一年。

水野遵生於嘉永三年（一八五〇年），爲尾張國名古屋人。明治四年前往清國留學。

明治二十七年八月一日，日清兩國爆發戰火，日軍所到之處盡皆告捷，時序近秋，戰事之勝敗歸屬已大致明朗。日本政府內部也開始針對戰爭的賠償問題進行激烈辯論，陸軍基於進出大陸發展的立場，力主割讓遼東半島，而海軍則視此爲實現南進政策的絕佳良機，力主割讓台灣及澎湖。最後在下關議和條約中，陸海軍兩方面的要求都一併列入，孰料遼東半島的割讓與俄羅斯、法國及德國三者的利益有所牴觸，於是在三國出面干涉之下，遼東半島被迫歸還給清國。

那麼在台灣割讓問題上，列強又抱持什麼態度呢？

明治二十八年二月，俄羅斯駐日本大使Hitrovo曾向陸奧外務大臣私下表示：「俄羅斯對於台灣割讓問題，自始即無任何異議。然而日本若欲自棄島國身份，意圖進軍大陸擴張版圖，則絕非善策！」

至於法國方面，清國駐俄羅斯公使王之春曾經攜帶密旨悄悄前往法國，表示針對台灣處置問題欲與法國外務大臣協商，雙方討論的結果如何，外界不得而知。其後兩艘法國軍艦Beautemps及Beaupré直駛來到澎湖的媽宮港，法將要求會見廳通判陳步梯及鎮副將林福善，告知近日內將有日本艦隊來襲的消息。同時對其表明，法國政府爲了清國的利益著想，願意暫時代管台灣，以避免台灣遭受日軍佔領；待日清戰爭結束之後，必定盡速歸還云云。駐守澎湖島的官吏立即將這個消息轉達給當時駐守台南的台灣防務幫辦劉永福，由於過去在法屬印度支那一帶，劉永福曾經率兵與法軍交手，因此當劉聽到這個消息，不禁湧起一股憤慨之情，怒斥道：「面對彼輩此等欺人謊言，唯有以炮火回報之。」再加上當時法國正忙於屬國馬達加斯加的戰事，對台灣終於無暇介入。

而德國當時亦正專心於進出巴爾幹半島，在威廉二世寫給俄羅斯尼古拉二世的一封密函中如此說道：「對於閣下在遠東地區的活動，吾人毫無任何阻止之意。至於歐洲的和平，以及貴國背後的安全，吾人將負責給予最大程度的保障。」這種說法無異於鼓勵俄羅斯致力於東方經略。德國的史學權威Dr. Ludwig Riess曾於日本領台後不久發表一篇史論，其中提到：「福爾摩沙在歸屬日本帝國之同時，也與現代文化產生直接的聯結。毫無疑問地，將來福爾摩沙島上將出現一個嶄新的新時代。」(Geschichte der Insel Formosa)當筆者讀到這一章節時，若說德國對台灣毫無興趣，不免讓人有此懷疑。

而清國駐英公使在接到本國的電報得知台灣的讓渡消息時，曾向英國當局提出讓與台灣的要求，然而英國外交部長Kimberly卻加以嚴拒：「關於這次的讓渡，我方沒有任何評論，此對英國固然沒有好處，對清國亦無大害。」

未幾，日清和約的內容逐漸在歐洲的外交界散播開來，歐美諸國對其成否極爲關心，清國自身也已察覺，割地似乎已成難以挽回之勢，然而仍企圖藉由外國勢力干涉，使日本政府的野心破滅。其實李鴻章早已先發秘電給天津稅務司德人Dittering：「日本開口要求奉天之南，包括營口及彼等現已佔據各地區，另外還要求割讓台灣全島，同時設下期限，強迫我方與其訂定和約。相信各國決不願見到日本的野心得逞，然卻未見各國採取積極介入行動。倘若時間繼續拖延下去，恐將難以挽回。」由於歐美列強對台灣割讓一事大多表示緘默，清國最後只好接受王之春的建議：「與其將台灣割與日本，不如割與西歐各國爲佳。」於是才出現要求英國接收台灣的決議。

有關台灣的防備

當日清兩國爲了朝鮮獨立問題，對立態勢愈見升高之時，台灣方面的最高行政長官台灣巡撫正由邵友濂出任。邵友濂曾爲加強台灣的防備態勢，行文中央要求援助，然而當時的北洋通商大臣兼直隸總督李鴻章只回覆了如下的一封官樣文章：

「……朝廷已無法如過去清法戰爭之時，對台灣提供相同的援助。儘管日本對於台灣始終無法忘情，然觀察其現有之實力，應仍不足以封鎖台灣的海岸線。朝廷方面期盼，汝等能鎮靜嚴密因應敵人任何可能採取的行動。」（光緒二十年六月二十九日；明治二十七年七月三十一日）

由此可見，清國政府雖然擔心日本對台灣的野心，但是對於日本的軍力評價過低，對台灣的守備能力也過於樂觀。

不久日清之間果然爆發戰火，戰線一直由朝鮮延伸到華北一帶，邵友濂隨即被調任爲湖南巡撫，由唐景崧接任台灣巡撫。此時清國中央驚覺台灣防備力量不足，遂連忙調派福建陸路提督楊歧珍總辦台灣防務，南澳鎮總兵劉義爲幫辦台灣防務，命其各率軍隊四千及八百名渡台負責協防。光緒二十年七月（明治二十七年八月），劉義抵達台南，同年八月，楊歧珍到達台北，其所率部衆皆爲新招募的兵勇。

提督李本清率領七營士兵駐守於滬尾（淡水），其後由廖得勝取而代之。台南防務則由劉永福全權負責。當台灣防備的部署確立後，邵友濂旋即被調任，由布政使唐景崧接任台灣巡撫，孰知唐亦僅不過爲一介才能平庸的文官。

澎湖向來即爲軍事要衝，由總兵周鎭邦率領八營士兵駐防，值此情勢緊急之際，清國中央特命候補知府朱上泮率領四營清兵趕往協防。

當時台灣的防備狀況，在唐景崧於光緒二十一年一月（明治二十八年二月）提出的「整飭台灣守備議」中有詳細記載：

> 台灣戒嚴以來，增防設備，一切情形，業經前撫臣邵友濂奏明有案。維日人今雖鴟張北洋，而其志未嘗一日忘台灣，時時游弋，測探海道，故台灣防備無異臨敵。而台南海上，霜降以後，波浪平靜，澎湖亦形勢俱重……

至於日方調查所得的台灣駐防兵力與配置情況如下：

台北府駐防兵	步兵三營
淡水駐防兵	步兵八營（未詳）
基隆駐防兵	步兵二營、砲台砲兵一營
宜蘭縣附近駐防兵	步兵二營、水師一營

彰化縣附近駐防兵	步兵一營
嘉義縣附近駐防兵	步兵七營（未詳）
台灣府附近駐防兵	步兵六營、騎兵一隊、砲兵一隊
打狗及鳳山附近駐防兵	步兵三營、砲台砲兵一營
台南府及附近駐防兵	步兵四營二起、砲台砲兵一營、水師一營
恆春附近駐防兵	步兵四營（未詳）
卑南廳（台東）	步兵二營
澎湖群島駐防兵	步兵四營、砲台砲兵一營、水師一營

（海軍軍令部編「台灣紀略」，《台灣文化志》下卷九四九頁）

接下來，筆者將對肩負台灣守備重責大任的劉永福做個簡單介紹：

劉永福，字淵亭，單名義，永福爲其死後之諱。道光十七年（一八三七年）生於廣東欽州。二十一歲時適逢太平天國亂起，劉永福奮起投身太平軍行列。不久太平軍潰敗，劉永福只好率領數百名部下逃亡，進入法屬印度支那北部一帶躲藏。當時正值白苗侵擾越南，劉永福遂組織黑旗軍，順利將白苗勢力擊退，劉氏遂得到越南王阮時的青睞。

同治十年（一八七一年），越南與法國發生衝突，劉永福再度率領黑旗軍將法軍打得潰不成軍，從此劉永福的勇名天下皆知。由於越南原本即爲清國的朝貢國，因此劉永福在此役中的表現亦贏得清國政府認可。沒想到清法戰爭結束後，根據雙方簽訂的和約，黑旗軍被迫撤回清國境內，而劉永福也被擢昇爲南澳總兵之職，時爲光緒十七年。

光緒二十年舊曆七月初三，奉清帝「著劉永福酌帶兵勇渡台」的諭旨，劉永福立即率領旗下的燕塘三營，以及在汕頭新招募的一營士兵，另外再令其子成良招募兩營兵勇，於八月五日分乘兩艘汽船前往台南。

當時的台灣巡撫是邵友濂，不久後即因唐景崧之上奏彈劾遭到撤換，由唐本人繼任其職，同時兼理台灣軍務。

劉永福到達台南後，隨即起身北上，到台北與上司唐景崧共商守台大計。劉永福說：

「您目前的駐紮本部，不僅建築質地粗糙，且守備士兵素質亦不佳，末將以爲應北上與您同駐此地，以謀提昇軍隊素質，還能隨時與閣下共商守台對策，可謂一舉兩得之計。閣下鎭日爲民政繁忙，如果還要兼任軍務，想必難以負荷，末將願意北上助一臂之力，不知閣下以爲如何？」

沒想到唐景崧竟回答：

「我認爲閣下駐守台南，守護台灣南部門戶，可謂最爲適當之安排。你我二人分駐台北及台南二地，應該是眼前最恰當的選擇。」

劉永福見唐不願採納其議，只得悻悻然返回台南。

由此可見，劉唐二人的個性確實不合。儘管兩人早在劉永福還在法屬印度支那時期便已產生若干齟齬，然而單就此事，由第三者立場來看，劉永福的主張確實較有道理。

根據丘逢甲的說法，唐景崧平日好談兵務，因此外界多以爲其精通兵法，事實上在運籌帷幄實務上，他與劉永福有天壤之別。而且就台灣全島的形勢而論，可說以台北之向背爲依歸，倘若台北失陷，台南勢必大受影響，反之，台北未必會受台南情勢波及。唐景崧欲以一己的力量防守台北，確實令人懷疑，而且台北一旦陷落，台南孤城絕難死守。

爲此丘逢甲曾與唐劉二人見面，試圖攏絡兩人的感情，請求唐景崧答應劉永福北上駐防。無奈任憑丘逢甲費盡唇舌，最後甚至痛哭力諫，仍舊無法改變唐景崧的心意；劉唐兩人終究還是兵分二路，各自防守南北兩地。丘逢甲離開唐景崧的駐紮營地時，不禁仰天長嘆道：「時運之危，唯有聽天由命！」（丘逢甲傳）

明治二十八年二月二十四日，日軍已開始對台灣採取直接的軍事行動，首先是陸軍混成支隊（步兵大佐比志島義輝）佔領澎湖島。比志島大佐在佔領澎湖之後，隨即設立民政廳，並且企圖繼續進攻廈門；然此時日清雙方已展開議和談判，比志島只得作罷。不久，比志島所率領的日軍在澎湖島感染惡疾者日眾，士兵傷亡慘重。澎湖島文澳鄉郊外所葬之千人塚即爲病死日軍之墓，今日已少有人知道。

接下來，針對台灣民主國出現的始末略作簡要介紹。

在日軍登台之後，押收一篇原揭示於彰化縣署前的檄文，如今僅可見於東京日日新聞上所刊載的原文，依據文章內容，多少可窺見當時台灣的民情反應。

痛哉！吾台民從此不得爲大清國之民也。吾大清國皇帝嘗棄吾台民哉？有賊臣焉。大學士李鴻章也、刑部尚書孫毓汶也、吏部侍郎徐用儀也。我台民與汝李鴻章、孫毓汶、徐用儀有何雠乎？大清國列祖列宗與汝有何雠乎？太后、皇上與汝有何雠乎？汝既將祖宗發祥之地，迫近陵寢之區，割媚倭奴，祖宗有知，其謂我太后、皇上何？尚且不足以快汝意，又將關係七省門戶之台灣，海外二百餘年戴天不二之台灣，列祖列宗深仁厚澤，不使一夫失所之台灣，全輸之於倭奴，我台民非不願毀家紓難也；我台民非不能親上死長也；我台民非如汝李鴻章、孫毓汶、徐用儀毫無廉恥、賣國固位，得罪於天地祖宗也。我台民父母、妻子、田盧、墳墓、生理、家產、身家、性命，非喪於倭奴之手，實喪於賊臣李鴻章、孫毓汶、徐用儀之手也。

我台民窮無所之，憤無所洩，不能呼號於列祖列宗之靈，又不能哭訴於太后、皇上之前也。均之死也，爲國家除賊臣而死，尚得爲大清國之雄鬼也矣。我台民與李鴻章、孫毓汶、徐用儀不共戴天，無論其本身其子孫伯叔兄弟姪，遇之船車街道，客棧衙署之內，我台民族出一丁，各懷手槍一桿，快刀一柄，登時悉數殲除，以謝天地祖宗、太后皇上，以賞台民父母、妻子、田盧、生理、家產、性命，無冤無雠受李鴻章、孫毓汶、徐用儀之毒害，以爲天下萬世無廉無恥、賣國固位、得罪天地祖宗者之炯戒。

除京都及各省碼頭自行刊刻告示外，凡有血氣者恐未周知，貴報館食毛踐土(註：感戴君恩之意)有年，主持公論有年，向爲我台民所欽佩。茲奉上申報、滬報、新聞報之刊資各四元，請爲連日用大字刊登報首。聖訓昭然，亂臣賊子，人人得而誅之。貴報館如一一照登，我台民有一線生機，必圖啣報，如將賊臣名字隱諱，我台民快刀手槍俱在，必將所以待之李鴻章、孫毓汶、徐用儀者轉而相待。生死呼吸，無怪鹵莽，貴報館諒之。

大清光緒二十一年四月，台灣省誓死不與賊臣俱生之臣民公啓。

單就本篇檄文的文筆而言，與唐景崧所寫的告示文相去甚遠，不可同日而語，而論理的方式亦近乎歇斯底里，而且本文尚未提及任何有關台灣民主國的動靜，僅止於對議和使節李鴻章以及推動日清議和之在朝官員孫、徐二人，表達台灣被迫割讓日本之民心激憤而已。四月十七日(舊曆三月二十三日)，世人盡知的馬關和約簽訂，台灣割讓至此已成無法挽回的定局。

在前述檄文張貼之前，亦即五月十五日(舊曆四月二十一日)，唐景崧等人曾以「全島紳民」之名上電稟奏清國皇帝，表示「台灣士民，義不臣倭，願爲島國，永戴聖清」，此時應視爲台灣民主國概念之首度成形。同時，唐景崧等另外還向總理各國事務衙門、南洋大臣、閩浙總督及福建巡撫等稟告：

> 日本索割台灣，台民不服。屢經電奏，不允割讓，未能挽回。台民忠義，誓不服從。……
>
> 伏查台灣爲朝廷棄地，百姓無依，惟有死守，據爲島國，遙戴皇靈，爲南洋屏蔽。

儘管電文中百般乞憐，不但未引起對方同情，反倒惹來各方嘲笑。所謂「屏蔽」者也，根本沒有絲毫獨立自主意味，這篇電文與其說是台灣士民的心聲，倒不如說是唐景崧個人的不情之請。

而副總統之職則由衆人公推丘逢甲出任，在百般推辭無效下，丘終於答應，同時兼任大將軍，然大權則概由唐景崧全盤掌控。

在這段期間，唐景崧與清國政府之間來往的聯絡電文，至今仍有實錄可查，根據這些文字記載，可以看出唐景崧的心態，以及當時台灣人心的動向。

二月二十八日發：二十八日午時，與澎湖島間之聯繫斷絕，儘管澎湖島之守備戰力遠在台灣本島各地之上，然終究非敵軍對手。此乃微臣之罪，恆春方面則無任何異狀。

三月二日發：針對台灣防備力量是否充分，台灣目前之兵力總數雖多，然分駐各處，一地之兵力自然稀少。且敵軍可任選一地登陸攻堅，我軍實難防守。眼前唯一可恃者，唯有民心。

三月六日發：北方戰線目前雖已停戰，然唯獨台灣被排除在停戰協定之外，此則台灣勢必承受敵軍之全力攻擊。倘若事態果眞如此，微臣企盼所有軍艦能協防台灣。微臣亦將激勵將士，誓死守衛台土。

三月七日發：台灣被排除於停戰協定之外的消息已透過外國商社傳入台灣紳民耳中，爲此群情激憤，不明白爲何遭受此差別待遇，其中尤以義勇軍之反應最爲激烈。

三月十一日發：聖旨頒下之後，原本動搖之人心漸次平復，然台灣特別缺乏兵器彈藥，期盼由內地供應之後援能及早到達。

三月二十日發：據坊間謠傳，議和談判已將近底定，不知其內容爲何。軍費之賠償亦或通商權利之許可，皆屬可容忍之範圍，唯獨土地之割讓，萬萬以爲不可。倘若朝廷果眞有意割讓台灣，或許微臣個人之責任可卸，性命得以苟全，然此決定茲事體大，縱使臣身處危地，死亦無憾。所幸目前兵力尙足以支撐，民心亦稱堅定。

三月二十三日發：議和條約既已簽訂……

（手稿・未完）

Ong Iok-tek

Ong Iok-tek

王育德年譜

1924年 1月	30日出生於台灣台南市本町2-65
30年 4月	台南市末廣公學校入學
34年12月	生母毛月見女史逝世
36年 4月	台南州立台南第一中學校入學
40年 4月	4年修了，台北高等學校文科甲類入學。
42年 9月	同校畢業，到東京。
43年10月	東京帝國大學文學部支那哲文學科入學
44年 5月	疎開歸台
11月	嘉義市役所庶務課勤務
45年 8月	終戰
10月	台灣省立台南第一中學(舊州立台南二中)教員。開始演劇運動。處女作「新生之朝」於延平戲院公演。
47年 1月	與林雪梅女史結婚
48年 9月	長女曙芬出生
49年 8月	經香港亡命日本
50年 4月	東京大學文學部中國文學語學科再入學
12月	妻子移住日本
53年 4月	東京大學大學院中國語學科專攻課程進學
6月	尊父王汝禎翁逝世
54年 4月	次女明理出生

55年 3月　東京大學文學修士。博士課程進學。
57年12月　『台灣語常用語彙』自費出版
58年 4月　明治大學商學部非常勤講師
60年 2月　台灣青年社創設，第一任委員長(到63年5月)。
3月　東京大學大學院博士課程修了
4月　『台灣青年』發行人(到64年4月)
67年 4月　明治大學商學部專任講師
埼玉大學外國人講師兼任(到84年3月)
68年 4月　東京大學外國人講師兼任(前期)
69年 3月　東京大學文學博士授與
4月　昇任明治大學商學部助教授
東京外國語大學外國人講師兼任(→)
70年 1月　台灣獨立聯盟總本部中央委員(→)
『台灣青年』發行人(→)
71年 5月　NHK福建語廣播審查委員
73年 2月　在日台灣同鄉會副會長(到84年2月)
4月　東京教育大學外國人講師兼任(到77年3月)
74年 4月　昇任明治大學商學部教授(→)
75年 2月　「台灣人元日本兵士補償問題思考會」事務局長(→)
77年 6月　美國留學(到9月)
10月　台灣獨立聯盟日本本部資金部長(到79年12月)
79年 1月　次女明理與近藤泰兒氏結婚
10月　外孫女近藤綾出生
80年 1月　台灣獨立聯盟日本本部國際部長(→)

81年12月	外孫近藤浩人出生
82年 1月	長女曙芬病死
	台灣人公共事務會(FAPA)委員(→)
84年 1月	「王育德博士還曆祝賀會」於東京國際文化會館舉行
4月	東京都立大學非常勤講師兼任(→)
85年 4月	狹心症初發作
7月	受日本本部委員長表彰「台灣獨立聯盟功勞者」
8月	最後劇作「僑領」於世界台灣同鄉會聯合會年會上演，親自監督演出事宜。
9月	八日午後七時三〇分，狹心症發作，九日午後六時四二分心肌梗塞逝世。

王育德著作目錄

（行末●爲〔王育德全集〕所收册目）

黃昭堂編

1　著書

1　『台湾語常用語彙』東京・永和語学社，1957年。　❻

2　『台湾――苦悶するその歴史』東京・弘文堂，1964年。　❶

3　『台湾語入門』東京・風林書房，1972年。東京・日中出版，1982年。　❹

4　『台湾――苦悶的歴史』東京・台湾青年社，1979年。　❶

5　『台湾海峡』東京・日中出版，1983年。　❷

6　『台湾語初級』東京・日中出版，1983年。　❺

2　編集

1　『台湾人元日本兵士の訴え』補償要求訴訟資料第一集，東京・台湾人元日本兵士の補償問題を考える会，1978年。

2　『台湾人戦死傷，5人の証言』補償要求訴訟資料第二集，同上考える会，1980年。

3　『非常の判決を乗り越えて』補償請求訴訟資料第三集，同上考える会，1982年。

4　『補償法の早期制定を訴える』同上考える会，1982年。

5　『国会における論議』補償請求訴訟資料第四集，同上考える会，1983年。

6 『控訴審における闘い』補償請求訴訟資料第五集，同上考える会，1985年。

7 『二審判決"国は救済策を急げ"』補償請求訴訟資料速報，同上考える会，1985年。

3 共譯書

1 『現代中国文学全集』15人民文学篇，東京・河出書房，1956年。

4 學術論文

1 「台湾演劇の今昔」，『翔風』22号，1941年7月9日。

2 「台湾の家族制度」，『翔風』24号，1942年9月20日。

3 「台湾語表現形態試論」(東京大学文学部卒業論文)，1952年。

4 「ラテン化新文字による台湾語初級教本草案」(東京大学文学修士論文)，1954年。

5 「台湾語の研究」，『台湾民声』1号，1954年2月。 ❽

6 「台湾語の声調」，『中国語学』41号，中国語学研究会，1955年8月。 ❽

7 「福建語の教会ローマ字について」，『中国語学』60号，1957年3月。 ❾

8 「文学革命の台湾に及ぼせる影響」，『日本中国学会報』11集，日本中国学会，1959年10月。 ❷

9 「中国五大方言の分裂年代の言語年代学的試探」，『言語研究』38号，日本言語学会，1960年9月。 ❾

10 「福建語放送のむずかしさ」，『中国語学』111号，1961年7 ❾

月。

11 「台湾語講座」,『台湾青年』1〜38号連載，台湾青年社，1960年4月〜1964年1月。 ❸

12 「匪寇列伝」,『台湾青年』1〜4号連載，1960年4月〜11月。 ⓮

13 「拓殖列伝」,『台湾青年』5，7〜9号連載，1960年12月，61年4月，6〜8月。 ⓮

14 「能吏列伝」,『台湾青年』12，18，20，23号連載，1961年11月，62年5，7，10月。 ⓮

15 "A Formosan View of the Formosan Independence Movement," *The China Quarterly,* July-September, 1963.

16 「胡適」,『中国語と中国文化』光生館，1965年，所収。

17 「中国の方言」,『中国文化叢書』言語，大修館，1967年所収。 ❾

18 「十五音について」,『国際東方学者会議紀要』13集，東方学会，1968年。 ❾

19 「閩音系研究」(東京大学文学博士学位論文)，1969年。 ❼

20 「福建語における『著』の語法について」,『中国語学』192号，1969年7月。 ❾

21 「三字集講釈(上)」,『台湾』台湾独立聯盟，1969年11月。 ❽
「三字集講釈(中・下)」,『台湾青年』115，119号連載，台湾独立聯盟，1970年6月，10月。

22 「福建の開発と福建語の成立」,『日本中国学会報』21集，1969年12月。 ❾

23 「泉州方言の音韻体系」,『明治大学人文科学研究所紀要』8・9合併号，明治大学人文研究所，1970年。 ❾

24 「客家語の言語年代学的考察」,『現代言語学』東京・三省堂，1972年所収。 ❾

25 「中国語の『指し表わし表出する』形式」,『中国の言語と文化』，天理大学，1972年所収。 ❾

26 「福建語研修について」,『ア・ア通信』17号，1972年12月。 ❾

27 「台湾語表記上の問題点」,『台湾同郷新聞』24号，在日台湾同郷会，1973年2月1日付け。 ❽

28 「戦後台湾文学略説」,『明治大学教養論集』通巻126号，人文科学，1979年。 ❷

29 「郷土文学作家と政治」,『明治大学教養論集』通巻152号，人文科学，1982年。 ❷

30 「台湾語の記述的研究はどこまで進んだか」,『明治大学教養論集』通巻184号，人文科学，1985年。 ❽

5　事典項目執筆

1 平凡社『世界名著事典』1970年,「十韻彙編」「切韻考」など，約10項目。

2 『世界なぞなぞ事典』大修館書店，1984年,「台湾」のことわざを執筆。

6　學會發表

1 「日本における福建語研究の現状」1955年5月，第1回国際東方学者会議。

2 「福建語の教会ローマ字について」1956年10月25日，中国語学研究会第7回大会。 ❾

3 「文学革命の台湾に及ぼせる影響」1958年10月，日本中国学会第10回大会。 ❷

4 「福建語の語源探究」1960年6月5日，東京支那学会年次大会。 ❾

5 「その後の胡適」1964年8月，東京支那学会8月例会。

6 「福建語成立の背景」1966年6月5日，東京支那学会年次大会。 ❾

7　劇作

1 「新生之朝」，原作・演出，1945年10月25日，台湾台南市・延平戯院。

2 「偸走兵」，同上。

3 「青年之路」，原作・演出，1946年10月，延平戯院。

4 「幻影」，原作・演出，1946年12月，延平戯院。

5 「郷愁」，同上。

6 「僑領」，原作・演出，1985年8月3日，日本，五殿場市・東山荘講堂。 ⓫

8　書評(『台灣青年』掲載，数字は號數)

1 周鯨文著，池田篤紀訳『風暴十年』1 ⓫

2 さねとう・けいしゅう『中国人・日本留学史』2 ⓫

3 王藍『藍与黒』3 ⓫

4 バーバラ・ウォード著，鮎川信夫訳『世界を変える五つの思想』5 ⓫

5　呂訴上『台湾電影戯劇史』14　⓫
6　史明『台湾人四百年史』21　⓫
7　尾崎秀樹『近代文学の傷痕』8　⓫
8　黄昭堂『台湾民主国の研究』117　⓫
9　鈴木明『誰も書かなかった台湾』163　⓫
10　張文環『地に這うもの』180　⓫
11　加藤邦彦『一視同仁の果て』226　⓫
12　滝沢毅『中国革命の虚像』229　⓫
13　黄昭堂『台湾総督府』248　⓫

9　論文（各誌）

1　「台湾演劇の確立――栄光に輝く茨の道」，『中華日報』文芸版，1946年3月21日。　⓫
2　「文学革命と五四運動」，『中華日報』文芸版，1946年4月19日。　⓫
3　「封建文化の打破――台湾青年の進むべき道」，『中華日報』文芸版，1946年6月7日。　⓫
4　「孔教の再認識」（上）（下），『中華日報』文芸版，1946年7月26日，8月1日連載。　⓫
5　「彷徨へる台湾文学」，『中華日報』文芸版，1946年8月22日。　⓫
6　「内省と前進の為に――台湾人の三大欠点」，『中華日報』文芸版，1946年9月5日。　⓫
7　「見合結婚に就て」，『中華日報』文芸版，1946年9月21日。　⓫
8　「三伯英台在台湾」，『華僑文化』（神戸），1953年12月，　⓫

1954年1月号連載。

9 「台湾光復後的話劇運動」『華僑文化』(神戸)，1954年4月。 ⓫
10 「連雅堂で想うこと」，『台湾公論』4号，1959年12月。 ⓮
11 「ある台湾独立運動者の主張」，『世界』1962年4月号。 ⓬
12 「自由を愛する諸国民に訴える」，『新勢力』1962年4月号。 ⓬
13 座談会「引き裂かれた民族」，『現代の眼』1962年11月号。 ⓬
14 「台湾独立運動の真相」，国民政治研究会講演録，1962年6月8日。 ⓬
15 「日本の台湾政策に望む」，『潮』1964年新春特別号。 ⓬
16 「日本の隣国を見直そう」，『高一コース』1964年6月号。 ⓬
17 「台湾独立への胎動」，『新時代』1964年7月号 ⓬
18 「台湾の独立運動強まる」，『全東京新聞』1442号，1964年2月19日。 ⓬
19 「ライバルの宿命をもつ日中両国」，『評』1965年4月号。 ⓬
20 「日本・中国ライバル論」，『自由』，1965年7月号。
21 「反面教師」，『日本及日本人』1970年陽春号。
22 「ひとつの台湾」，『経済往来』1971年2月号。
23 「台湾人の見た日中問題」，『評論』1971年5月15日号。
24 座談会「ある独立運動の原点」，『東洋公論』1971年8月。
25 「台湾は愁訴する――島民の苦悩と独立運動の将来」，日本政治文化研究所，政治資料，102号，1971年9月。 ⓬
26 「中華民国から『台湾共和国』に」，『新勢力』1971年11月号。
27 「台湾人は中国人と違う――民族を分ける4世紀の歴史」，

『台湾』台湾独立後援会，4号，1973年1月15日。

28 「台湾は台湾人のもの」，『自由』1973年2月号。 ⑫

29 「日中正常化後の在日華僑」，『電子経済』1973年3月号。

30 座談会「台湾人の独立は可能か」，『東洋公論』1973年5月号。

31 「台湾人元日本兵の補償問題」，『台湾同郷会新聞』1981年3月1日号。 ⑫

32 「台湾と日本」，『瑞穂』9号，1981年7月。

33 「台湾を見棄ててよいか」，『さきもり』1982年1月号。

10 『台灣青年』論文・随筆(数字は號数)

1 「台湾の新聞かく安保闘争を論ず」3 ⑬

2 "Cua wu khi Tapani"4 ⑤

3 「パスポートを取り上げられるの記」5 ⑩

4 「兄王育霖の死」6 ⑩

5 「謝雪紅の教訓」6 ⑭

6 「破産に瀕せる台湾の教育」8～9，11，17，21，25連載 ⑬

7 「国府は沖縄の日本復帰に反対する」9 ⑬

8 「寓話と堕した『大陸反攻』——蔣経国の矛を以って蔣介石の盾を攻む——」9 ⑬

9 「呉主恵，この唾棄すべき文化幫間」13

10 「台南の2・28と私」15 ⑭

11 「台僑は独立の母」24 ⑩

12 「兄の死と私」27 ⑩

13 「『偏安』映画の標本——『薇薇的週記』を見て」30 ⑬

14 「台湾民族論」35〜37連載 ⓬
15 「編集長を辞めて」38 ❿
16 「劉明電に見る中華人民共和国系台湾人の意識構造」158
17 「祖国台湾」(詩)161 ⓫
18 「2・28の台湾史的意義」162 ⓮
19 「台湾ハ古ヨリ中国ニ属セズ」162
20 「この愚かしくも哀れなる『祖国救済幻想』——『林歳徳氏の生活と意見から』——」165
21 「『台湾人の身分をかくさねばならぬ』ことについて——呉濁流評その1——」167 ❷
22 「蔣政権統治下の呻吟——呉濁流評その2——」168 ❷
23 「観念的中国人と実質的台湾人のあいだ——呉濁流評その3——」169 ❷
24 「日本側に民族偏見はなかったか」174 ⓬
25 「海洋国家の建設——眼を大陸でなく大洋に向けよ——」183 ⓬
26 「倉石武四郎先生と私」185 ❿
27 「選挙恐怖症にかかった蔣政権——台湾の地方選挙，一括延期——」187 ⓭
28 「風波をよぶ台北の洪水防止計画」194 ⓭
29 「特務になった日本青年の話」195
30 「営林処が立ち退きを迫って放火——阿里山からの泣訴」196 ⓭
31 「ペキンの児戯に類する謀略」198 ❿

32 「いい加減に迷妄から醒めよ——蔣政権派『華僑総会』役員に忠告」205 ⑬
33 「恒例『光復節』の二重奏」206 ⑬
34 「私のアメリカ旅行報告」206，208〜212，214連載 ⑩
35 「台湾人よ，坐して死を待つのか」220 ⑫
36 「2・28の3つのポイント」222 ⑭
37 「韓愈名誉毀損騒動」224 ⑬
38 「『台湾青年』20年の回顧」231〜234連載 ⑩
39 「台湾『民族化闘争』関連年表」234
40 「繁栄の裏の腐蝕——台湾中部のPCB中毒事件」236 ⑬
41 「恩人・竹林貫一氏を悼む」236 ⑩
42 「越えられぬ溝」238〜239連載 ⑩
43 「陳若曦の彷徨は何を教えるか」241〜243連載 ❷
44 「『台湾共和国』の文化政策」244 ⑫
45 『台湾人を愛し通した池田敏雄さん」247 ⑩
46 「第二代中国人の意識形態」251〜254連載 ⑬
47 「葉島蕾と彼女を陥れた特務たち——海外の『第二代中国人』255 ⑬
48 「台湾のグリーンカード」255〜257連載 ⑬
49 「『建国70周年記念』の恥さらし——あるインチキ出版の話」262 ⑬
50 「蔡培火は長生きしすぎた」269
51 「敵は大中国主義」272〜276連載 ⑫
52 「台湾人が目覚める」282 ⑫

53 「狂った社会の中の哀れな精神病患者」284 ⓭
54 「タカサゴ族，進化それとも消滅」285～286連載 ⓭
55 「台湾人元日本兵士の補償問題60年度予算に検討費つく」292 ⓬
56 「アメとムチの文化政策の一環――文献委員会の功罪」293 ⓭
57 「藤堂明保先生の思い出」294 ❿
58 「漢字のアリ地獄」295～296連載 ❽
59 「漢字の死亡公告」297 ❽
60 「大中国主義と台湾民族主義の戦い――蒋政権40年の統治」298 ⓬
61 「康寧祥氏の『和平』見解のナゾ」299 ⓬
62 遺稿「『一寸の虫にも五分の魂』の戦い」300 ⓬

11　詩・小説

1 「七絶四首」，『翔風』24号，1942年9月20日。 ⓫
2 「過度期」，『翔風』24号，1942年9月20日。 ⓫
3 「春の戯れ」，『中華日報』文芸版，1946年5月9日。 ⓫
4 「老子と墨子」，『中華日報』文芸版，1946年7月3日。
5 「鬍的」，『La Mancha』創刊号，1950年11月。 ⓫
6 「現時台湾政治歌」，台湾独立聯盟伝単。 ⓫

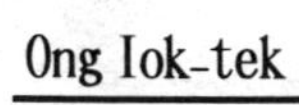
Ong Iok-tek

Ong Iok-tek

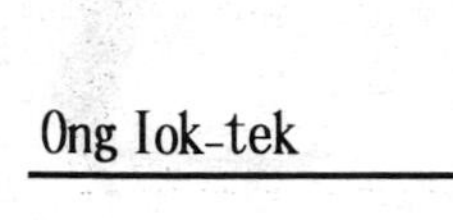

Ong Iok-tek

Ong Iok-tek

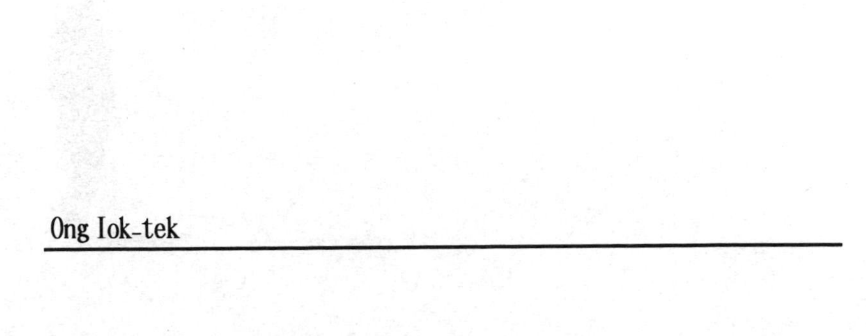
Ong Iok-tek

國家圖書館出版品預行編目資料

台灣史論&人物評傳／王育德著，賴青松等譯．初版．台北市：前衛，2002［民91］
288面；15×21公分．

ISBN 957-801-350-7(精裝)

1.台灣－傳記

782.632 91004247

台灣史論&人物評傳

日文原著／王育德

漢文翻譯／賴青松等

責任編輯／邱振瑞・林文欽

前衛出版社

地址：106台北市信義路二段34號6樓

電話：02-23560301 傳眞：02-23964553

郵撥：05625551 前衛出版社

E-mail：a4791@ms15.hinet.net

Internet：http://www.avanguard.com.tw

社　　長／林文欽

法律顧問／南國春秋法律事務所・林峰正律師

旭昇圖書公司

地址：台北縣中和市中山路二段352號2樓

電話：02-22451480 傳眞：02-22451479

獎助出版／ 財團法人國家文化藝術基金會 National Culture and Arts Foundation

贊助出版／海內外【王育德全集】助印戶

出版日期／2002年7月初版第一刷

ISBN 957-801-350-7

定價／250元